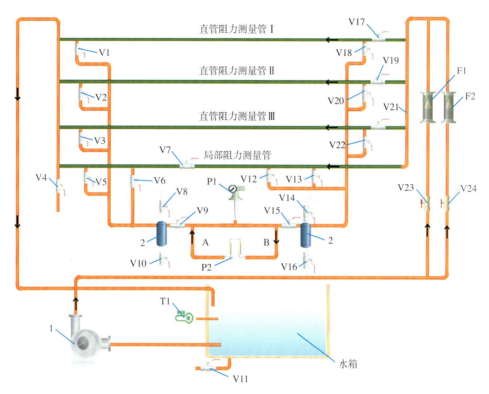

彩图 2-1-2　单相流动阻力测定实验装置流程示意图

1—水泵；2—缓冲罐；T1—温度计；P1—压差计；P2—倒置 U 形管压差计（图 2-1-4）；
F1，F2—转子流量计；V1～V24—阀门

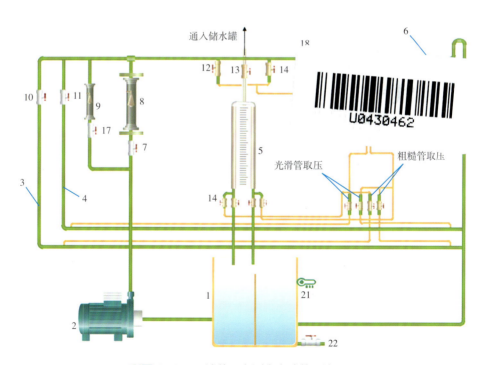

彩图 2-1-6　流体阻力测定实验装置流程

1—储水槽；2—离心泵；3—粗糙管路；4—光滑管路；5—倒置 U 形管压差计；6—局部阻力测试管；7，10～18—阀门；
8，9—玻璃转子流量计；19，20—差压传感器；21—液体温度测温点；22—放水口

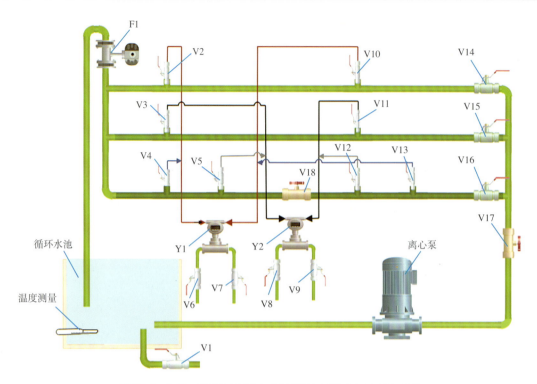

彩图 2-1-8　流体阻力测定实验装置流程图（2012年版）

F1—涡轮流量计；V1～V18—阀门；Y1，Y2—差压传感器

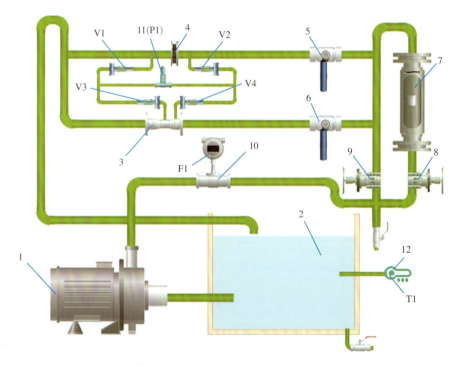

彩图 2-2-1A　流量计性能测定实验流程

1—离心泵；2—储水槽；3—文丘里流量计；4—孔板流量计；5，6—文丘里、孔板流量计调节阀；7—转子流量计；8—转子流量计调节阀；9—流量调节阀；10—涡轮流量计；11—差压传感器；12—温度计；V1～V4—测压用切断阀；P1—节流式流量计两端的压差测量仪表；T1—流体温度测量仪表；F1—涡轮流量计流量测量仪表

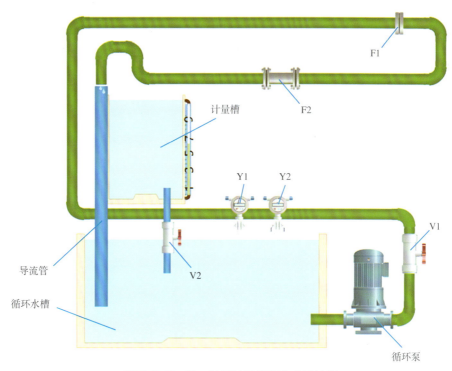

彩图 2-2-4B　流量计性能测定实验流程

F1—孔板流量计；F2—文丘里流量计；V1、V2—阀门；Y1、Y2—差压传感器

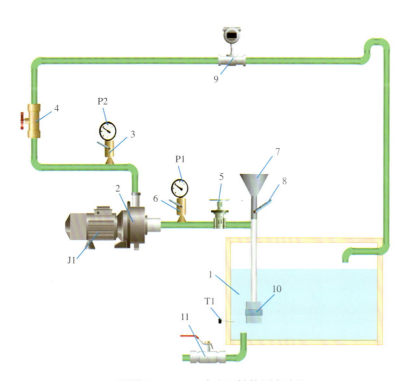

彩图 2-3-1A　离心泵性能测定流程

1—水箱；2—离心泵；3—泵出口压力表取压阀；4—流量调节阀；5—泵入口阀；6—泵入口真空表取压阀；
7—灌泵入口；8—灌水阀门；9—涡轮流量计；10—底阀；11—排水阀；J1—电动机；
P1—泵入口真空表；P2—泵出口压力表；T1—温度计

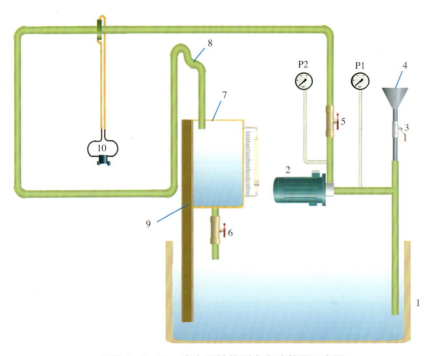

彩图 2-3-1B　离心泵性能测定实验装置示意图

1—循环水池；2—离心泵；3—灌泵阀；4—灌泵漏斗；5—出口阀；6—放水阀；7—计量槽；
8—上摆弯管；9—导流槽；10—差压传感器；P1—真空表；P2—压力表

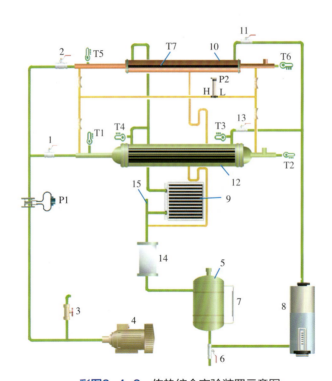

彩图 2-4-2　传热综合实验装置示意图

1—列管换热器空气进口阀；2—套管换热器空气进口阀；3—空气旁路调节阀；4—旋涡气泵；5—储水罐；6—排水阀；
7—液位计；8—蒸汽发生器；9—散热器；10—套管换热器；11—套管换热器蒸汽进口阀；12—列管换热器；
13—列管换热器蒸汽进口阀；14—玻璃观察段；15—不凝蒸气出口；P1, P2—差压传感器；T1~T7—测温点

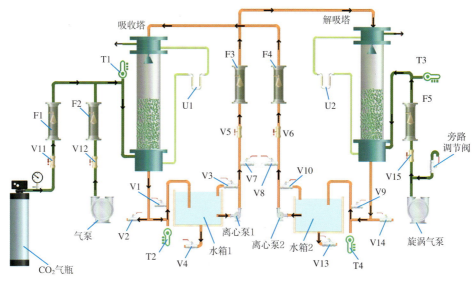

彩图 2-5-2 二氧化碳吸收与解吸实验装置流程示意图

V1~V15—阀门；F1~F5—流量计；T1~T4—温度计；U1，U2—U 形管压差计

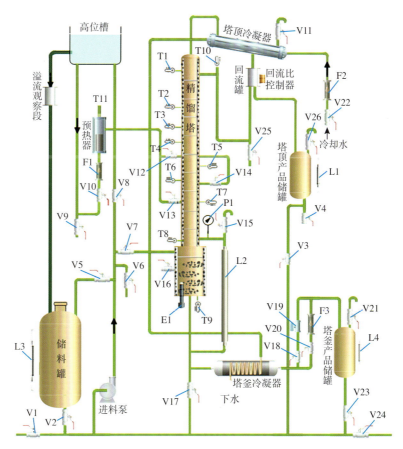

彩图 2-6-1A 精馏实验装置流程图

T1~T11—温度计；L1~L4—液位计；F1~F3—流量计；E1—加热器；P1—塔釜压力计；V1，V3，V24—排空阀；
V2，V4，V17，V23—出料阀；V5—循环阀；V6，V9，V16，V25—取样阀；V7—直接进料阀；
V8—间接进料阀；V10，V20，V22—流量计调节阀；V11，V15—排气阀；V12，V13，V14—塔体进料阀；
V18—旁路阀；V19—电磁阀；V21，V26—罐放空阀

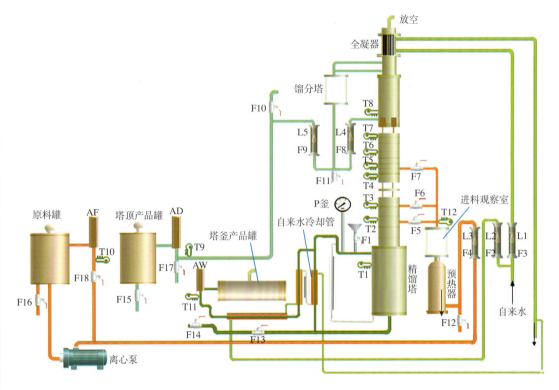

彩图 2-6-3B　筛板精馏塔实验装置及流程示意图

AF—原料取样口；AD—塔顶产品样口；AW—塔釜产品取样口；F1—塔釜加料阀门；F2—塔釜冷却器水进口阀门；
F3—塔顶全凝器冷却水进口阀门；F4—原料泵出口至预热器流量调节阀；F5—最低进料阀；F6—中部进料阀；
F7—最上部进料阀；F8—回流液调节阀；F9—塔顶产品采出阀；F10—排空阀；F11—塔顶产品取样阀；
F12—预热器及进料管道放净阀；F13、F14—塔釜放净阀；F15—塔顶产品罐放净阀；F16—原料罐放净阀；
F17—塔顶产品取样阀；F18—原料泵出口回流阀；L1—塔顶全凝器冷却水流量计；
L2—旁路流量计；L3—预热器进料流量计；L4—回流液流量计；L5—塔顶采出液流量计
塔内测温点分布（自下到上）：T1—塔釜；T2—第2块板上；T3—加料板第4块板上；T4—第7块板上（灵敏板）；
T5—第9块板上；T6—第11块板上；T7—第13块板上；T8—塔顶第15块板上

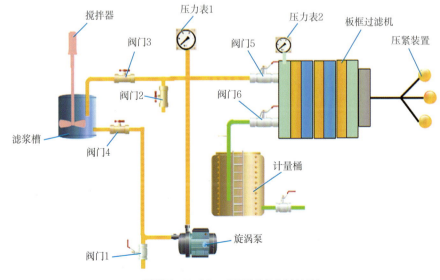

彩图 2-7-1A　恒压过滤实验流程

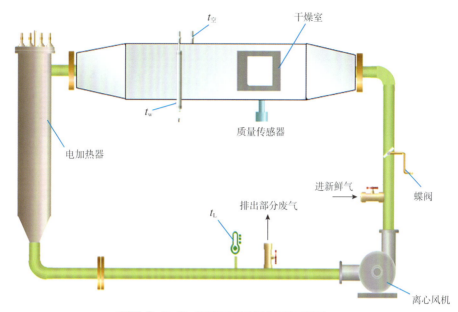

彩图 2-8-3　洞道干燥实验装置示意图

$t_空$—空气干球温度；t_w—空气湿球温度；t_L—风机出口温度

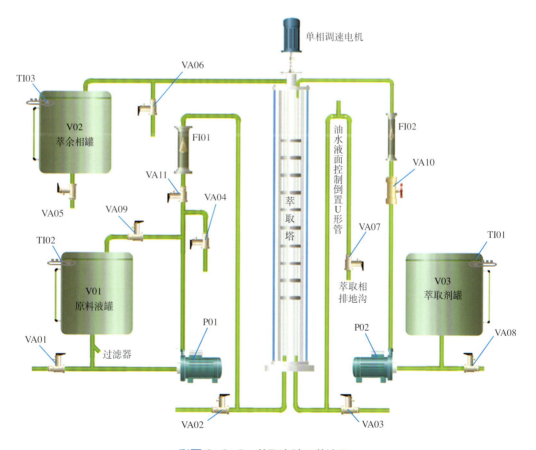

彩图 2-9-2　萃取实验工艺流程

VA01—油卸料阀门；VA02、VA03—放净口；VA04、VA06—取样阀；VA05、VA07～VA11—阀门；P01—原料油泵；
P02—萃取剂泵；FI01—油流量计；FI02—水流量计；TI01～TI03—温度计

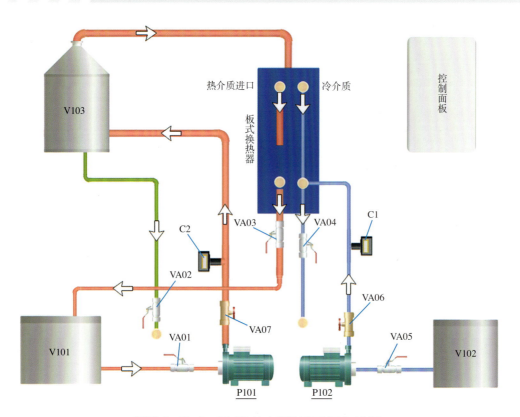

彩图 2-10-2　板式换热实验装置及流程示意图

VA01～VA07—阀门；P101—热液泵；P102—冷液泵；V101—热液池；V102—储罐；V103—预热器；C1，C2—传感器

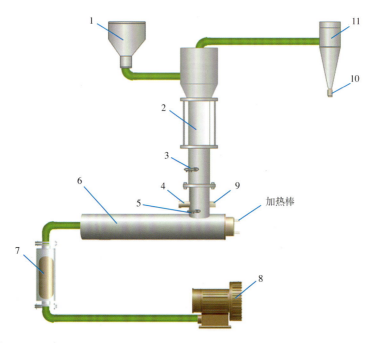

彩图 2-11-3　流化床干燥实验装置及流程示意图

1—加料斗；2—床层（可视部分）；3—床层测温点；4—取样口；5—出加热器热风测温点；6—空气加热器；
7—转子流量计；8—鼓风机；9—出风口；10—排灰口；11—旋风分离器

普通高等教育教材

化工原理实验

李保红 高召 王剑锋 等编

化学工业出版社

·北京·

内容简介

化工原理实验是化工原理课程的重要组成部分，是学生学习和掌握化工原理基础知识的重要过程。本教材包含了三个部分：实验基础知识、化工原理基础实验、实验数据处理举例。本教材的基础实验部分包含了化工原理典型的11个实验项目，基本能满足化工与制药类专业化工原理课程实验教学的需要。同时，实验中复杂的实验装置采用三维流程示意图表示，可增强可读性和立体感；针对每个实验项目，提供原始实验数据记录表格模板和详细数据处理举例，方便学生理解实验原理和数据处理过程并撰写出正确的实验报告。

本书适合作为化学工程与工艺及其他相关专业化工原理实验课程的教材或参考书，也可供在化工、食品、制药等领域的技术人员参考。

图书在版编目（CIP）数据

化工原理实验 / 李保红等编. —北京：化学工业出版社，2022.8
普通高等教育教材
ISBN 978-7-122-41996-5

Ⅰ. ①化… Ⅱ. ①李… Ⅲ. ①化工原理-实验-高等学校-教材 Ⅳ. ①TQ02-33

中国版本图书馆 CIP 数据核字（2022）第 147061 号

责任编辑：王海燕　马　波　　文字编辑：张凯扬　陈小滔
责任校对：王　静　　　　　　装帧设计：关　飞

出版发行：化学工业出版社
　　　　（北京市东城区青年湖南街13号　邮政编码100011）
印　　装：三河市延风印装有限公司
787mm×1092mm　1/16　印张10　彩插4　字数226千字
2023年3月北京第1版第1次印刷

购书咨询：010-64518888　　　售后服务：010-64518899
网　　址：http：//www.cip.com.cn
凡购买本书，如有缺损质量问题，本社销售中心负责调换。

定　　价：32.00元　　　　　　　　　版权所有　违者必究

前　言

　　高等院校的工科专业要培养适应当今社会发展的创新型工程类人才，不仅要求学生具有扎实的专业理论基础，而且要求学生具有出色的专业实验实践能力。所以，工程类实验课教学具有非常重要的作用。其中，化工原理实验是化工和制药类专业必修的专业基础课程，是化工原理课程的延续和深入，是培养学生工程实践能力的重要教学环节。其基本任务是加深对化工原理课程中基本理论的理解和应用，利用实验设备来培养学生进行化工单元操作、设计实验方案，以及采集、处理和分析数据的能力。本课程是化工类专业工程认证重点考查和关注的课程之一。

　　化工原理实验课程的学习是基于实验装置进行的。通常，不同院校的化工原理实验课程会根据学校现有实验设备进行个性化授课。

　　《化工原理实验》教材正是为了满足编者所在院校教学需求而编写的。本教材以严谨、简单、实用为宗旨，充分考虑学生学习和掌握实验内容中的难点，以随实验设备提供的使用说明书以及电子文档为基础，结合编者17年来化工原理实验教学的经验，精心编写而成。同时，针对复杂的实验装置均原创性地采用三维流程示意图，以增强立体感；同一实验项目，既有不同厂商生产的实验设备，也有同一厂商生产的不同版本实验装置。针对每个实验，提供原始实验数据记录表格模板和详细数据处理实例，以方便学生理解数据处理过程并撰写出正确的实验报告。

　　教材分三个部分，分别是实验基础知识、化工原理基础实验和实验数据处理举例。其中第二部分共讲解11个实验项目，加上第一部分的实验基础知识介绍，完全可以满足《化工与制药类教学质量国家标准（化工类专业）》所建议的化工原理实验教学不低于48学时的要求（2018年教育部高等学校教学指导委员会发布）。

　　本教材由李保红教授主持编写。其中流动阻力测定实验、离心泵性能测定实验和填料吸收塔实验由高召讲师编写；流量计性能测定实验、传热实验和精馏实验由王剑锋副教授编写；恒压过滤实验和液-液萃取实验由周泉讲师编写；书中实验装置示意图由化学工程系者白银同学和姚思雨同学协助制作；其余部分由李保红教授编写。全书由华瑞年教授主审。

　　本教材适用于选用相同或者相似化工原理实验设备的高校作为参考教材，也可供化工与制药类专业学生自学参考。在其编写的过程中得到了天津大学、莱帕克公司和浙江中控公司的大力支持和协助，在此一并表示感谢！

　　由于编者的水平有限，书中难免有不足之处，恳请读者批评指正，以便今后改进。

编者
2022年6月

目 录

第一部分 实验基础知识 / 1

第一章 实验室基本安全知识 / 1
一、实验室安全相关的消防知识 / 1
二、实验室安全用电知识 / 2
三、危险化学品安全使用知识 / 3
四、高压气瓶安全使用知识 / 4

第二章 化工原理实验基础知识 / 6
一、化工原理实验的特点 / 6
二、实验教学目的 / 6
三、实验的基本要求 / 7

第二部分 化工原理基础实验 / 10

实验一 流动阻力测定实验 / 10
一、实验目的 / 10
二、实验内容 / 10
三、实验原理 / 10
四、实验装置（2018年版） / 12
五、实验方法和操作步骤 / 13
六、注意事项 / 14
七、报告内容和数据处理 / 14
八、思考题 / 16
　　实验装置（2003年版） / 16
　　实验装置（2012年版） / 18

实验二 A 流量计性能测定实验 / 21
一、实验目的 / 21
二、实验内容 / 21
三、实验原理 / 21
四、实验装置（2018年版） / 22
五、实验操作步骤 / 23
六、注意事项 / 24
七、报告内容和数据处理 / 24
八、思考题 / 26

　　实验装置（2005年版） / 26

实验二 B 流量计性能测定实验 / 29
一、实验目的 / 29
二、实验内容 / 29
三、实验原理 / 29
四、实验装置（2012年版） / 31
五、实验操作步骤 / 32
六、注意事项 / 33
七、实验报告和数据处理 / 33

实验三 A 离心泵性能测定实验 / 34
一、实验目的 / 34
二、实验内容 / 34
三、实验原理 / 34
四、实验装置（2018年版） / 35
五、实验操作步骤 / 36
六、注意事项 / 37
七、报告内容和数据处理 / 37
八、思考题 / 38
　　实验装置（2005年版） / 39

实验三 B 离心泵性能测定实验 / 41
　　一、实验目的 / 41
　　二、实验原理 / 41
　　三、实验装置（2012 年版） / 42
　　四、实验操作步骤 / 43
　　五、注意事项 / 43
　　六、实验数据记录表 / 44

实验四 传热实验 / 45
　　一、实验目的 / 45
　　二、实验内容 / 45
　　三、实验原理 / 45
　　四、实验装置 / 48
　　五、实验方法和操作步骤 / 50
　　六、注意事项 / 50
　　七、报告内容和数据处理 / 51
　　八、思考题 / 54

实验五 填料吸收塔实验 / 55
　　一、实验目的 / 55
　　二、实验内容 / 55
　　三、实验原理 / 55
　　四、实验装置 / 57
　　五、实验方法和操作步骤 / 59
　　六、注意事项 / 60
　　七、报告内容和数据处理 / 60
　　八、思考题 / 63

实验六 A 精馏实验 / 64
　　一、实验目的 / 64
　　二、实验内容 / 64
　　三、实验原理 / 64
　　四、实验装置（2018 年版） / 65
　　五、实验方法和操作步骤 / 68
　　六、注意事项 / 69
　　七、报告内容和数据处理 / 70
　　八、思考题 / 71

实验六 B 精馏实验 / 72
　　一、实验目的 / 72
　　二、实验内容 / 72
　　三、实验原理 / 72

　　四、实验装置（2012 年版） / 75
　　五、实验操作步骤 / 76
　　六、注意事项 / 77
　　七、实验报告和数据处理 / 79

实验七 A 恒压过滤实验 / 80
　　一、实验目的 / 80
　　二、实验内容 / 80
　　三、实验原理 / 80
　　四、实验装置（2005 年版） / 81
　　五、实验方法和操作步骤 / 82
　　六、注意事项 / 82
　　七、报告内容和数据处理 / 82
　　八、思考题 / 83

实验七 B 恒压过滤实验 / 84
　　一、实验目的 / 84
　　二、实验原理 / 84
　　三、实验装置（2022 年版） / 86
　　四、实验操作步骤 / 87
　　五、注意事项 / 88
　　六、实验报告和数据处理 / 88

实验八 洞道干燥实验 / 90
　　一、实验目的 / 90
　　二、实验原理 / 90
　　三、实验装置 / 93
　　四、实验操作步骤 / 95
　　五、注意事项 / 95
　　六、实验报告和数据处理 / 95
　　七、思考题 / 96

实验九 液-液萃取实验 / 97
　　一、实验目的 / 97
　　二、实验原理 / 97
　　三、实验装置 / 100
　　四、实验操作步骤 / 101
　　五、注意事项 / 102
　　六、实验报告和数据处理 / 102
　　七、思考题 / 104

实验十 液-液板式换热实验 / 105
　　一、实验目的 / 105

二、实验原理 / 105
三、实验装置 / 106
四、实验操作步骤 / 108
五、实验数据记录 / 108
六、思考题 / 108

实验十一　流化床干燥实验 / 109
　一、实验目的 / 109

二、基本原理 / 109
三、实验装置 / 111
四、实验操作步骤和注意事项 / 112
五、实验数据记录 / 113
六、实验报告和数据处理 / 113
七、思考题 / 113

第三部分　实验数据处理举例 / 115

案例一　流动阻力测定实验 / 115
案例二　流量计性能测定实验 / 119
案例三　离心泵性能测定实验 / 121
案例四　传热实验 / 123
案例五　填料吸收塔实验 / 129
案例六　精馏实验
　　　　（2018 年版） / 134

案例七　恒压过滤实验 / 137
案例八　洞道干燥实验 / 139
案例九　液-液萃取实验 / 142
案例十　液-液板式换热实验 / 145
案例十一　流化床干燥实验 / 147

附录一　YUDIAN 仪表调零和调整设定值方法 / 151
附录二　阿贝折射仪使用说明 / 152
参考文献 / 153

第一部分 实验基础知识

第一章 实验室基本安全知识

一、实验室安全相关的消防知识

实验操作人员必须了解消防知识。实验室内应准备足够数量的消防器材,实验人员应熟悉消防器材的存放位置和使用方法,绝不允许将消防器材移作他用。实验室常用的消防器材包括以下几种。

1.消防沙箱

易燃液体和其他不能用水扑灭的危险化学品着火可用沙子来扑救。它能隔绝空气并起降温作用,达到灭火的目的。但沙中不能混有可燃杂物,并且要干燥。潮湿的沙子遇火后因水分蒸发,易使燃着的液体飞溅。但沙箱存沙有限,实验室内又不能存放过多的沙箱,故这种灭火工具只能用于扑救局部小规模的火源。对于大面积火源,沙量太少作用不大。此外还可用其他不燃性固体粉末灭火。消防沙箱实物图见图 1-1-1。

图 1-1-1 消防沙箱

2.干粉灭火器

干粉灭火器(图 1-1-2)筒内充装磷酸铵盐干粉和作为驱动力的氮气,使用时先拔掉保险销(有的是拉起拉环),再按下压把,干粉即可喷出。其适宜于扑救固体易燃物(A 类)、易燃液体和可熔化固体(B 类)、易燃气体(C 类)和带电器具的初起火灾,但不得用于扑救轻金属材料火灾。灭火时要接近火焰喷射;干粉喷射时间短,喷射前要选择好喷射目标;由于干粉容易飘散,不

图 1-1-2 干粉灭火器

宜逆风喷射。

3.泡沫灭火器

实验室多用手提式泡沫灭火器（图 1-1-3）。它的外壳用薄钢板制成，内有玻璃胆，其中盛有硫酸铝，胆外装有碳酸氢钠溶液和发泡剂（甘草精）。灭火液由 50 份硫酸铝、50 份碳酸氢钠及 5 份甘草精组成。使用时将灭火器倒置，立即发生化学反应生成含二氧化碳的泡沫。此泡沫黏附在燃烧物表面上，通过在燃烧物表面形成与空气隔绝的薄层而达到灭火目的。它适用于扑救实验室中发生的一般火灾，对于油类着火在开始时可以使用，但不能用于扑救电线和电器设备火灾，因为泡沫是导电的，会造成扑火人触电。

4.二氧化碳灭火器

二氧化碳灭火器（图 1-1-4）的钢筒内装有压缩的二氧化碳。使用时旋开手阀，二氧化碳就能急剧喷出，使燃烧物与空气隔绝，同时降低空气中氧气的含量。当空气中含有 30%～35%的二氧化碳时，燃烧就会停止。使用此类灭火器时要注意防止现场人员窒息。

图 1-1-3　手提式泡沫灭火器

图 1-1-4　二氧化碳灭火器

5.灭火毯

灭火毯（图 1-1-5）是由玻璃纤维等材料经过特殊处理编织而成的织物，能起到隔离热源及火焰的作用，可用于扑灭油锅火或者披覆在身上逃生。灭火毯的使用方法：起火初期，将灭火毯直接覆盖火源，火源可短时间内扑灭，待火熄灭、灭火毯冷却后，作不可燃垃圾处理，火灾时将灭火毯裹在身上，可大大减少被烧伤的危险。注意事项：将灭火毯牢固置于方便易取之处，每十二个月检查一次，出现问题立即更换。

二、实验室安全用电知识

图 1-1-5　灭火毯

化工原理实验中电器设备较多，如传热实验、精馏实验和干燥速率曲线测定等实验设备用电负荷较大。在接通电源之前，必须认真检查电器设备和电路是否符合规定要求；必须搞清楚整套实验装置的启动和停车操作顺序以及紧急停车的方法。安全用电极为重要，对电器设备必须采取安全措施，操作者必须严格遵守下列操作规定。

① 进行实验之前必须了解室内总电闸与分电闸的位置，以便出现用电故障时及时切断电源。

② 接触或操作电器设备时，手必须干燥。所有的电器设备在带电时均不能用湿布擦拭，更不能有水落于其上。不能用试电笔去试高压电。

③ 电器设备维修时必须停电作业，如接保险丝时一定要切断全部电源后进行操作。

④ 启动电动机，合闸前先用手转动下电动机的轴，合上电闸后立即查看电动机是否转动；若不转动，应立即拉闸，否则电动机很容易烧毁。若电源开关是三相刀闸，合闸时一定要快速合到底，否则易"跑单相"，即三相中有一相实际上未接通，这样电动机易烧毁。

⑤ 电源或电器设备上的保险丝或保险管都应按规定的电流标准使用，不能任意加大，更不允许用铜丝或铝丝代替。

⑥ 若用电设备是电热器，在通电之前必须具备进行电加热所需要的条件。比如在精馏实验中，接通塔釜电热器之前釜内液面高度必须符合要求，并且塔顶冷凝器的冷却水已经打开。在干燥实验中，接通空气预热器的电热器之前必须打开空气鼓风机。另外，电热设备不能直接放在木制实验台上使用，必须用隔热材料垫架，以防引起火灾。

⑦ 所有电器设备的金属外壳应接地，并定期检查连接是否良好。

⑧ 导线的接头应紧密牢固，裸露的部分必须用绝缘胶布包好，或者用塑料绝缘管套好。

⑨ 在电源开关与用电器之间设有电压调节器或电流调节器，其作用是调节用电设备的用电情况。在接通电源开关之前，一定要检查电压或电流调节器当前所处的状态，确保置于"零位"状态。否则，接通电源开关时用电设备会在较大功率下运行，可能会损坏用电设备。

⑩ 在实验过程中，如果发生停电现象，必须切断电闸，以防操作人员离开现场后，突然供电导致电器设备在无人监视下运行。

三、危险化学品安全使用知识

为了确保设备和人身安全，从事化工原理实验的人员必须具备以下危险化学品安全使用知识：实验室常用的危险化学品必须分类合理存放；对不同的危险化学品，必须针对化学品的性质选择灭火剂，否则不仅不能取得预期效果，反而会引起其他危险。

精馏实验可能会用到乙醇、正丙醇等化学品，吸收实验可能会用到盐酸和氢氧化钡等化学品，其中包含危险化学品。危险化学品大致可分为以下几种类型。

1.可燃品

（1）易燃液体　在《化学品分类和危险性公示　通则》（GB 13690—2009）中，易燃液体是指闪点不高于93℃的液体。易燃液体的燃烧是通过其挥发的蒸气与空气形成可燃混合物，达到一定的浓度后遇火源而实现的。其特性有：蒸气易燃易爆性，受热膨胀性，易聚集静电性，高度的流动扩展性，与氧化性强酸及氧化剂作用，具有不同程度的毒性等。这类物质大都是有机化合物，其中很多属于石油化工产品，例如汽油、乙醇、苯等。若在密闭容器内着火，会造成容器超压而破裂、爆炸。易燃液体的蒸气一般比空气重，它们挥发后常常在低处沉地而飘浮。因此，距离存放这类液体处相当远的地方也可能着火，着火后容易顺延并回传，引燃容器中的液体。所以使用这类物品时，必须严禁明火、远离电热设备和其他热源，更不能同其他危险化学品放在一起，以免造成更大的危害。

（2）易燃蒸气　精馏实验涉及有机溶液的加热，其蒸气在空气中达到一定浓度时，能与空气（实际上是氧气）形成爆炸性混合气体。这种混合气体遇到明火会发生闪燃爆炸。在实验室中如果认真严格地按照规程操作，是不会有危险的，因为发生爆炸应具备两个条件：

① 可燃物在空气中的浓度在爆炸极限内；

② 有明火存在。

因此防止爆炸的方法是使空气中可燃物的浓度在爆炸极限以外。

在实验过程中必须保证精馏装置严密、不漏气，保证冷凝器正常工作，保证实验室通风良好，禁止在室内使用明火和敞开式的电热设备，不能加热过快，致使液体急剧汽化，冲出容器，也不能让室内有产生火花的必要条件。总之，只要严格掌握和遵守有关安全操作规程就不会发生事故。

2.有毒物质

毒性物质指经吞食、吸入或皮肤接触可能造成死亡、严重受伤或损害人类健康的物质。凡是少量就能使人中毒受害的物质都称为有毒物质，有毒物质根据其对人体的危害程度又分为剧毒化学品和有毒化学品。剧毒化学品指具有剧烈毒性的化学品，包括人工合成的化学品及其混合物（含农药）和天然毒素。使用这类物质时应十分小心，以防止中毒。实验所用的有毒化学品应由专人管理，建立购买、保存、使用档案。剧毒化学品的使用与管理还必须符合国家规定的五双条件，即双人保管、双人领取、双人使用、双把锁、双本账。

在化工原理实验中，往往被人们忽视的有毒物质是压差计中的汞。如果操作不慎，压差计中的汞可能冲洒出来。汞是一种积累性的有毒物质，进入人体不易被排出，积累多了就会中毒。因此，一方面装置中应尽量避免采用汞压差计；另一方面要谨慎操作，开关阀门要缓慢，防止冲走压差计中的汞，并且不要损坏压差计。一旦汞冲洒出来，要尽可能地将它收集起来，无法收集的细粒要用硫黄粉和氯化铁溶液覆盖。因为细粒汞蒸发面积大，易于蒸发汽化，不宜用扫帚清扫或用水冲洗。

3.高压气体

在化工原理实验中，另一类需要特别注意的物品是装在高压气瓶内的各种高压气体。化工原理实验中所用的高压气体种类，一类是有毒或易燃易爆的气体，如常作为色谱载气的氢气，其室温下在空气中的爆炸范围为4%～75.6%（体积分数）。因此，使用有毒或易燃易爆气体时，系统一定要严格保证不漏气，尾气要导出室外，并注意室内通风。另一类是无毒无害或者危害很小的二氧化碳气体，比如吸收实验使用二氧化碳气瓶来供气。

四、高压气瓶安全使用知识

高压气瓶（又称气瓶）是一种贮存各种压缩气体或液化气体的高压容器。实验室用气瓶的容积一般为40～60 L，一般最高工作压力为15 MPa，最低的也在0.6 MPa以上。瓶内压力很高，贮存的气体可能有毒或易燃易爆，故使用气瓶时一定要掌握气瓶的构造特点和安全知识，以确保安全。

气瓶主要由筒体和瓶阀构成,附件有保护瓶阀的安全帽、开启瓶阀的手轮以及使运输过程减少震动的橡皮圈。在使用时,瓶阀的出口还要连接减压阀和压力表。标准高压气瓶是按国家标准制造的,经有关部门严格检验后方可使用。各种气瓶在使用过程中必须定期送有关部门进行水压试验。检验合格的气瓶应该在瓶肩上用钢印打上下列资料:制造厂家、制造日期、气瓶的型号和编号、气瓶的重量、气瓶的容积和工作压力、水压试验的压力、水压试验的日期和下次试验的日期。

各类气瓶的表面都应涂上一定的油漆,其目的不仅是防锈,而且能使人从颜色上迅速辨别钢瓶中所贮存气体的种类,以免混淆。如氧气瓶为淡蓝色,氢气瓶为淡绿色,氮气、压缩空气等钢瓶为黑色,二氧化碳瓶为铝白色,二氧化硫瓶、氦气瓶为银灰色,氨气瓶为淡黄色,氯气瓶为深绿色,乙炔瓶为白色等。

为了确保安全,在使用气瓶时一定要注意以下几点:

① 使用高压气瓶的主要危险是气瓶可能爆炸和漏气。若气瓶受日光直晒或靠近热源,瓶内气体受热膨胀,以致压力超过气瓶的耐压强度时,容易引起气瓶爆炸。另外,可燃性压缩气体漏气也会造成危险。应尽可能避免氧气气瓶和可燃性气体气瓶放在同一个房间使用(如氢气气瓶和氧气气瓶),因为两种气瓶同时漏气时更易引起着火和爆炸。如氢气泄漏时,氢气与空气混合后浓度达到4%~75.6%(体积分数)时遇明火会发生爆炸。按规定,可燃性气体气瓶与明火的距离应在10m以上。

② 搬运气瓶时应戴好气瓶帽和橡胶安全圈,严防气瓶摔倒或受到撞击,以免发生意外爆炸事故。使用气瓶时必须将其牢靠地固定在架子上、墙上或实验台旁。

③ 绝不可把油或其他易燃性有机物黏附在气瓶上(特别是出口和气压表处);也不可用麻棉等堵漏,以防燃烧引起事故。

④ 使用气瓶时一定要用气压表,而且各种气压表一般不能混用。一般可燃性气体的气瓶气门螺纹是反向的(如 H_2、CO),不燃或助燃性气体的气瓶气门螺纹是正向的(如 N_2、O_2)。

⑤ 使用气瓶时必须连接减压阀或高压调节阀,不经这些部件而让系统直接与气瓶连接是十分危险的。

⑥ 开启气瓶阀门及调压时,人不要站在气体出口的前方,头不要在瓶口之上,而应在瓶侧面,以防气瓶的总阀门或气压表冲出伤人。

⑦ 当气瓶使用到瓶内压力为 0.5MPa 时,应停止使用。压力过低会给充气带来不安全因素;当气瓶内压力与外界压力相同时,会造成空气进入。

第二章　化工原理实验基础知识

化工原理实验是一门重要的工程实践课，是采用实验方法来验证化工原理理论的正确性或者测定半经验半理论关联式所需的参数，是化工原理理论课的延伸和有益补充。对于同学们学习和理解化工原理的理论知识，培养理论联系实际的良好习惯至关重要。

一、化工原理实验的特点

（1）化工原理实验与化工原理理论课和化工原理课程设计是相互衔接的，构成了一个有机整体。

（2）化工原理实验是学生接触到的工程性和实践性较强的课程，每一个化工实验项目都相当于化工生产中的一个单元操作，通过这些实验操作训练可以有效地帮助同学建立一定的工程概念。

（3）在化工原理实验中会遇到大量工程问题，通过完成实验过程，学生可以有效地学到工程实验方面的概念、原理和测量技术；可以发现单元设备或工艺与描述其行为的数学模型之间的关系；分析模型预测值与实验值的一致性或者产生偏差的原因，为化工单元操作过程的设计和应用奠定坚实的基础。

（4）实验过程中，每一个实验小组由2~4名同学组成，实验开始前必须进行合理分工：要有一名组长负责执行实验方案和指挥协调，每个组员要各司其职（包括操作、读取数据、记录数据及观察现象等），且要适当轮换工作角色。

因此，通过化工原理实验课程的学习，学生将在思维方法、工程实践能力、创新能力、团队协作能力方面得到培养和锻炼，为今后开展研究工作奠定基础。

二、实验教学目的

（1）巩固和深化化工原理理论知识。

（2）进行理论联系实际的具体应用。

（3）培养从事科学实验的能力，包括为了完成给定的课题，设计实验方案的能力；进行实验，观察和分析实验现象的能力，解决实验问题的能力；正确选择和使用测量仪表的能力；对实验记录数据进行数据处理、获得科学结论的能力；撰写实验报告的能力；有效协调和分工，团结协作的能力。

（4）提高自身素质水平，培养思维的严谨性和科学性。

三、实验的基本要求

1. 实验前预习（得分占10%）

（1）阅读实验讲义，观看教师推送的实验教学资源，包括实验视频，大致了解实验的目的和要求。

（2）根据实验目的、原理和实验内容，以及数据处理过程举例，弄清楚哪些数据是直接测量的，哪些数据是计算出来的，然后，设计出实验原始数据记录表格。

（3）到实验室对照实验讲义，摸索实验流程，理解和分析实验步骤的合理性。

（4）设计出具体实验方案并进行小组成员之间的具体分工。

2. 实验操作与数据记录（得分占30%）

（1）确定要记录的数据　首先要弄清楚哪些数据是必须测量的数据。凡是影响实验结果或者数据处理过程中用到的数据都必须测取，包括大气压、设备尺寸、物性数据及操作数据等，但并不是所有的数据都需要直接测取。凡是可以依据某一数据从手册中查取的数据，比如水的密度、黏度、比热容等物性数据，一般只要知道水温后即可查出，所以要直接测量的物理量只是水的温度。

（2）设计原始数据记录表格　实验开始前应设计好原始数据记录表格，在表格中应记下各物理量的名称、表示符号及单位。所有的原始记录数据都应该是直接读出的数值，不允许进行任何的转换，比如读出的表压值是 0.05MPa，不应该转化为其他压强单位，特别是秒表的读数，如果读的是 5′25″45，请直接记录，不要转换成秒后再记录。另外，确认仪表显示的每个测量数据的实际单位，并检查初始值是否为零，例外情况是温度显示仪表的初值一般为室温，非零为正常情况；而流量计的初始读数应该为零，若非零，应在处理数据时扣除此初值。

（3）设计数据测量点的分布　实验操作过程中，首先要确定操作参数的变化范围，然后依据要求的测量点数目，尽可能合理地分布各个测量点。比如流动阻力实验中，测量阻力系数 λ 与雷诺数 Re 的关系曲线，先要确定实验管路可以测量的最小和最大流量，然后在此范围内，分段安排测量点的疏密程度。一般弧度大的地方实验点要密集些，弧度小的地方实验点可以稀疏些。

（4）实验数据读取的时机和有效位数确定　实验时，如果操作条件有任何改变，则一定要等到各个操作参数重新稳定后再记录数据，这是因为条件的改变破坏了原来的稳定状态，重新建立稳态需要一定的时间，而且仪表显示又有滞后现象。另外，记录数据时，最多只保留一位估读出的数值，比如测量长度时，如果最小刻度是 mm，则只可以保留估读到 0.1mm。

（5）实验数据复核　每个数据记录后，应该立即复核并确认，以免发生读错或者记错数等问题。所以，实验读数时，最好安排一名同学读数，另外一名同学复核后记录。

（6）记录实验现象　实验中记录数据的同时，记录现象同等重要。比如，吸收实验中，在某一气体流量下发生了液泛，在另外一气体流量下发生了严重漏液。实验过程中，实验装置前必须始终有一名组员在岗看守实验设备，不能脱岗。

（7）按照停车程序结束实验　实验数据测量完毕后，一般不能立即关闭总电源，往往需要完成一系列的停车程序后才可以关闭总电源。比如，洞道干燥实验测量数据结束后，应该先关闭空气预热器，再开大洞道出口排气阀，保持洞道进气状态直到其干球温度降低到60℃以下，才可以关闭鼓风机，最后关闭总电源开关。还要分别在设备使用记录本和实验室使用记录本上如实登记使用信息，确保水阀、电源开关和气瓶的总阀已经关闭后，才可以离开实验室。

3. 实验报告撰写（得分占60%）

实验报告是实验工作的全面总结和系统性概述，是实验环节的重要组成部分。实验报告作为媒介，是同行之间进行科技交流与沟通的重要载体。其撰写要求简单明了，逻辑严密，格式规范，结论正确。化工原理实验报告要求使用学校统一印制的实验报告册来撰写。其内容一般包括：基本信息、实验目的、实验原理、实验装置和流程、实验操作步骤、实验数据处理举例、实验数据处理结果表及图、实验结果分析与讨论、实验结论等部分。各个部分的具体要求如下：

（1）基本信息　包括实验名称、班级、实验人员姓名及同组实验人员姓名、实验地点、实验日期、指导老师等，请大家如实填写，不要漏填。

（2）实验目的　说明为什么进行本实验，要完成的目标是什么。

（3）实验原理　说明实验所依据的理论，包括与实验有关的概念、定律、公式以及重要的公式推导过程。

（4）实验装置和流程　采用计算机绘图工具或者手工绘制出实验装置流程图，在图中标记出各个设备、仪表及阀门的位号，还有各个测量点的位置，在图下方按照位号给出对应的设备仪器名称。

（5）实验操作步骤　按照实际的实验操作过程，写出翔实的实验操作步骤，并按照实际发生的时间先后次序给每一步骤加上序号，使之条理清晰，并对每一操作步骤简要说明。应该清醒意识到自己实际的操作步骤并不一定与实验教材给出的步骤完全一致。

（6）实验数据处理举例　针对原始实验记录的每一张表，选择一组数据进行处理举例（应在原始记录表中用荧光笔标记出），举例过程要求翔实，在给出用字母表达的计算式后，要代入相关的测量或者获取的数据，然后，才能给出计算结果。

注意：

（a）不同的组内成员，应该选择同一原始记录表的不同组数据来进行计算举例。最终，将所有的计算结果汇总于计算结果表中并绘图。（b）用Excel处理数据时，默认情况下，中间结果会保留小数点后8位以上，同学们需要依据物理量的性质进行合理的取舍。比如，流体流动过程中，圆管内雷诺数Re的计算数值只需保留小数点后一位即可；计算水在管内的流速时，如果单位是m/s，则其数值保留小数点后2位即可，再多的位数比如8位，是没有意义的。（c）特别注意，当用等号"="连接公式时，一定要确认该式的左右两边是否相等，不能把不相等的表达式用"="连接。

（7）实验数据处理结果表及图　将数据处理结果汇总到数据处理结果表，该结果表要易于显示数据的变化规律及各参数之间的相关性。然后，将数据处理结果绘制成图，以便更加直观地表达变量之间的关系。

（8）实验结果分析与讨论　比较理论值与实验值，对实验结果进行分析和讨论，分析误差产生的原因，这也是理论与实践结合的具体体现，是工程实验报告的重要内容。

（9）实验结论　实验结论是根据实验结果做出的有价值、有意义的判断，得出的结论既要符合实际情况，也要有理论依据。

第二部分 化工原理基础实验

实验一 流动阻力测定实验

一、实验目的

（1）学习直管摩擦阻力 Δp_f、直管摩擦系数 λ 的测定方法。
（2）掌握直管摩擦系数 λ 与雷诺数 Re 和相对粗糙度之间的关系及其变化规律。
（3）掌握局部摩擦阻力 $\Delta p'_f$、局部阻力系数 ζ 的测定方法。
（4）学习压强差的几种测量方法和提高其测量精确度的一些技巧。

二、实验内容

（1）测定实验管路内流体流动的阻力和直管摩擦系数 λ。
（2）测定并绘制实验管路内流体流动的直管摩擦系数 λ 与雷诺数 Re 和相对粗糙度之间的关系曲线。
（3）测定管路部件局部摩擦阻力 Δp_f 和局部阻力系数 ζ。

三、实验原理

1. 直管摩擦系数 λ 与雷诺数 Re 的测定

流体在管道内流动时，由于流体的黏性作用和涡流的影响会产生阻力。流体在直管内流体阻力的大小与管长、管径、流体流速和直管摩擦系数有关，它们之间存在如下关系：

$$h_f = \frac{\Delta p_f}{\rho} = \lambda \frac{l}{d} \times \frac{u^2}{2} \tag{2-1-1}$$

$$\lambda = \frac{2d}{\rho l} \times \frac{\Delta p_f}{u^2} \tag{2-1-2}$$

$$Re = \frac{du\rho}{\mu} \tag{2-1-3}$$

式中　d——管径，m；
　　　Δp_f——直管阻力引起的压降，Pa；
　　　l——管长，m；
　　　ρ——流体的密度，kg/m³；
　　　u——流速，m/s；
　　　μ——流体的黏度，Pa·s。

直管摩擦系数 λ 与雷诺数 Re 之间有一定的关系，这个关系一般用曲线来表示。在实验装置中，直管段管长 l 和管径 d 都已固定。若水温一定，则水的密度 ρ 和黏度 μ 也是定值。所以本实验实质上是测定直管段流体阻力引起的压降 Δp_f 与流速 u（流量 Q）之间的关系。

根据实验数据和式（2-1-2）可计算出不同流速下的直管摩擦系数 λ，用式（2-1-3）计算对应的 Re，从而整理出直管摩擦系数和雷诺数的关系，绘出 λ 与 Re 的关系曲线。

2. 局部阻力系数 ζ 的测定

$$h'_f = \frac{\Delta p'_f}{\rho} = \zeta \frac{u^2}{2} \tag{2-1-4}$$

$$\zeta = \frac{2}{\rho} \times \frac{\Delta p'_f}{u^2} \tag{2-1-5}$$

式中　ζ——局部阻力系数；
　　　$\Delta p'_f$——局部阻力（局部阻力引起的压降），Pa；
　　　h'_f——局部阻力引起的能量损失，J/kg。

局部阻力引起的压降 $\Delta p'_f$ 可用下面的方法测量：在一条各处直径相等的直管段上，安装待测局部阻力的阀门，在其上、下游开两对测压口 a、a′ 和 b、b′，见图 2-1-1，使距离 $L_{ab} = L_{bc}$ 和 $L_{a'b'} = L_{b'c'}$。

则　　　　　　　　　　　$\Delta p_{f,ab} = \Delta p_{f,bc}$；　　　　$\Delta p_{f,a'b'} = \Delta p_{f,b'c'}$

在 a—a′ 之间列伯努利方程式：

$$p_a - p_{a'} = 2\Delta p_{f,ab} + 2\Delta p_{f,a'b'} + \Delta p'_f \tag{2-1-6}$$

在 b—b′ 之间列伯努利方程式：

$$p_b - p_{b'} = \Delta p_{f,bc} + \Delta p_{f,b'c'} + \Delta p'_f = \Delta p_{f,ab} + \Delta p_{f,a'b'} + \Delta p'_f \tag{2-1-7}$$

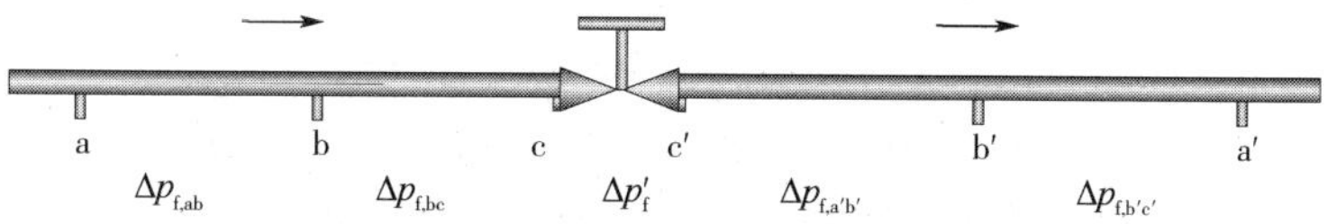

图 2-1-1　局部阻力测量取压口布置图

联立式（2-1-6）和式（2-1-7），则：

$$\Delta p'_f = 2(p_b - p_{b'}) - (p_a - p_{a'})$$

为了便于区分，称$(p_b - p_{b'})$为近端压差，$(p_a - p_{a'})$为远端压差。其数值通过差压传感器或倒置U形管来测量。

四、实验装置（2018年版）

1. 单相流动阻力测定实验装置

单相流动阻力测定实验装置流程见图2-1-2。

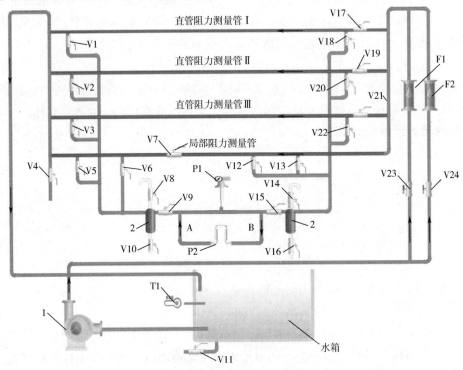

图2-1-2　单相流动阻力测定实验装置流程示意图（见彩插）

1—水泵；2—缓冲罐；T1—温度计；P1—压差计；P2—倒置U形管压差计（图2-1-4）；F1,F2—转子流量计；V1~V24—阀门

2. 实验装置技术参数

离心泵：型号 WB 70/055，流量 8m³/h，扬程 12m，电机功率 550W。

直管阻力测量管Ⅰ：光滑直管内径 $d = 0.0078$m，管长 $L = 1.70$m。

直管阻力测量管Ⅱ：光滑直管内径 $d = 0.010$m，管长 $L = 1.70$m。

直管阻力测量管Ⅲ：粗糙直管内径 $d = 0.010$m，管长 $L = 1.70$m。

局部阻力测量管：直管内径 $d = 0.015$m，管长 $L = 1.70$m。

$$L_{ab} = L_{bc} = 300\text{mm}, \quad L_{a'b'} = L_{b'c'} = 350\text{mm}$$

F1：玻璃转子流量计，型号 LZB-15，测量范围 10~100L/h。

F2：玻璃转子流量计，型号 LZB-25，测量范围 100~1000L/h。

P1：差压传感器（压差计），型号 LXWY，测量范围 0～200kPa，数字仪表显示。
P2：倒置 U 形管压差计，600mm，现场显示。
T1：Pt100 温度计，数字仪表显示。

3.单相流动阻力测定实验装置面板示意图

实验装置面板示意图见图 2-1-3。

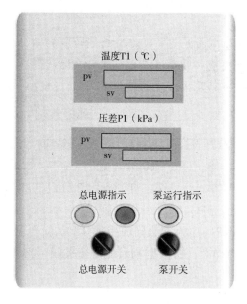

图 2-1-3　实验装置面板示意图

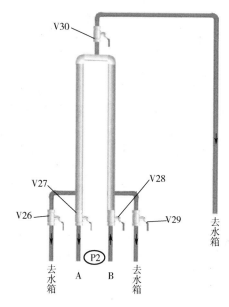

图 2-1-4　倒置 U 形管压差计

五、实验方法和操作步骤

（1）向水箱内注水至水箱四分之三处（最好使用蒸馏水，以保持流体清洁）。检查实验管路上的阀门处于全关位置。开启总电源开关，仪表上电，检查仪表是否正常。

（2）灌泵之后，关闭出口阀 V23 和 V24，按下面板上泵的开关启动离心泵，缓慢打开出口阀 V23 和 V24。

（3）直管阻力测量管Ⅰ实验测定

① 将直管阻力测量管Ⅰ上阀门 V17 全开，全开阀门 V23、V24 将实验管路中的气泡全部赶出；同时全开阀门 V1、V18、V27、V28 将导压管内的气泡全部赶出。

② 确认导压管内气泡排出后，关闭阀门 V27、V28 后再关闭阀门 V23、V24 使流量为零，记录差压传感器 P1 数字仪表的初始值。

倒置 U 形管压差计（见图 2-1-4）调零：

打开倒置 U 形管上阀门 V30 使导压管内液体接大气，缓慢打开阀门 V26 让倒置 U 形管内液面下降至中部左右后关闭阀门 V26，再缓慢打开阀门 V29 让倒置 U 形管内液面下降至中部且与 U 形管左侧液面水平后关闭阀门 V29，最后关闭阀门 V30。倒置 U 形管内液面调好后，打开阀门 V27、V28，在流量为零条件下，检查倒置 U 形管内液柱高度差是否为零，若不为零则表明导压管内存在气泡，需要重新进行赶气泡操作。

③ 缓慢开启阀门 V23 调节转子流量计 F1 流量为最小，待稳定 1～2min 后测取倒置 U 形管液面差，注意此时差压传感器 P1 读数不准确。在转子流量计 F1 量程范围内测量 10 组数据。

④ 关闭阀门 V23，同时关闭阀门 V27、V28 后缓慢开启阀门 V24，用转子流量计 F2 测量流量，用差压传感器 P1 数字仪表读取压差数值。

> **注意：**
> ①差压传感器与倒置 U 形管是并联连接，用于测量压差，小流量时用倒置 U 形管压差计测量，大流量时用差压传感器测量。应在最大流量和最小流量之间进行实验操作，一般测取 15～20 组数据。②在测大流量的压差时应关闭倒置 U 形管的进出水阀 V27、V28，防止水利用倒置 U 形管形成回路影响实验数据。

（4）直管阻力测量管Ⅱ实验测定：关闭阀门 V17、V1、V18，打开阀门 V19、V2、V20，实验方法与步骤（3）相同。从小流量到最大流量，测取 15～20 组数据。

（5）直管阻力测量管Ⅲ实验测定：关闭阀门 V19、V2、V20，打开阀门 V21、V3、V22，实验方法与步骤（3）相同。从小流量到最大流量，测取 15～20 组数据。

（6）局部阻力测量：关闭阀门 V21、V3、V22，实验方法同前步骤（3）。

（7）测取实验前后水箱水温用于计算流体的物性。待数据测量完毕，关闭全部阀门，停泵。关闭总电源开关，一切复原。

六、注意事项

（1）启动离心泵之前以及从某一实验管路测量过渡到其他测量之前，都必须检查所有流量调节阀是否关闭。

（2）利用差压传感器测量大流量下 Δp 时，应切断空气-水倒置 U 形管的阀门，否则将影响测量数值的准确性。

（3）在实验过程中每调节一个流量之后应待流量和直管压降的数据稳定以后方可记录数据。

（4）较长时间未做实验，启动离心泵之前应先转动轴，否则易烧坏电机。

七、报告内容和数据处理

1.报告内容

（1）将实验原始数据和数据处理结果整理在表格中，并以其中一组数据为例写出计算过程。

（2）在合适的坐标系上分别绘制光滑直管和粗糙直管 λ-Re 关系曲线。

（3）根据所标绘的 λ-Re 曲线，求本实验条件下层流区的 λ-Re 关系式，并与理论公式比较。

（4）计算出阀的局部阻力系数。

2.实验数据记录表

实验数据记录表见表 2-1-1～表 2-1-3。

表 2-1-1　单相流动阻力实验数据记录表（直管阻力测量管Ⅰ光滑管）

光滑管内径：_____mm　　管长：_____m　　液体温度：_____℃
液体密度：_____kg/m³　　液体黏度：_____mPa·s

序号	流量/(L/h)	直管压差Δp		Δp/Pa	流速u/(m/s)	Re	λ
		kPa	mmH₂O				
1							
2							
3							
…							
13							

注：1mmH₂O = 9.80665Pa。

表 2-1-2　单相流动阻力实验数据记录表（直管阻力测量管Ⅲ粗糙管）

粗糙直管内径：__10__mm　　管长：__1.70__m　　液体温度：_____℃
液体密度：_____kg/m³　　液体黏度：_____mPa·s

序号	流量/(L/h)	直管压差Δp		Δp/Pa	流速u/(m/s)	Re	λ
		kPa	mmH₂O				
1							
2							
3							
…							
14							

表 2-1-3　流体阻力实验数据记录表（局部阻力）

序号	流量Q/(L/h)	近端压差Δp_b/kPa	远端压差Δp_a/kPa	流速u/(m/s)	局部阻力压差$\Delta p'_f$/kPa	阻力系数ζ
1						
2						
3						
4						

3. 数据处理结果示意图

直管摩擦阻力系数与雷诺数关系图见图 2-1-5。

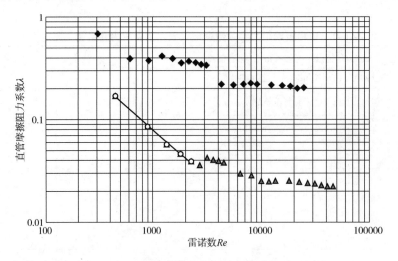

图 2-1-5　直管摩擦阻力系数与雷诺数关系图

八、思考题

（1）本实验用水为工作介质作出的 λ-Re 曲线，对其他流体能否适用？为什么？

（2）本实验是测定等直径、水平直管的流动阻力，若将水平管改为流体自上而下流动的垂直管，从测量两取压点间的倒置 U 形管读数 R 到 Δp_f 的计算过程是否与水平管完全相同？为什么？

（3）为什么采用差压传感器（压差计）和倒置 U 形管并联起来测量直管段的压差？何时用压差计？何时用倒置 U 形管？操作时要注意什么？

实验装置（2003年版）

1. 设备流程图

流动阻力测定实验装置流程见图 2-1-6。离心泵 2 将储水槽 1 中的水抽出，送入实验系统，经玻璃转子流量计 8 和 9 测量流量，送入被测管路 3 或 4 的水平直管段来测量流体在粗糙管或光滑管流动的阻力，或经局部阻力测试管 6 测量局部阻力后回到储水槽，水被循环使用。被测直管段流体流动阻力 Δp 可根据其数值大小分别采用差压传感器 20 或空气-水倒置 U 形管 5 来测量。

2. 设备主要技术数据

（1）被测光滑直管段：管径 $d = 0.008$m，管长 $L = 1.6$m，不锈钢管。

被测粗糙直管段：管径 $d = 0.010$m，管长 $L = 1.6$m，不锈钢管。

（2）被测局部阻力直管段：管径 $d = 0.015$m，管长 $L = 1.2$m，不锈钢管。

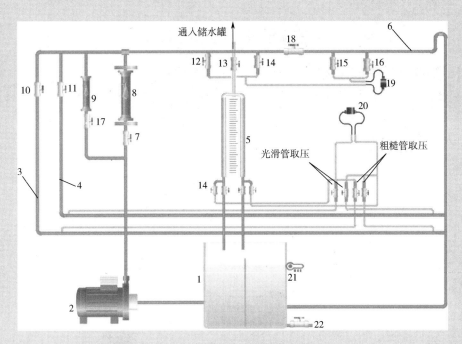

图 2-1-6 流体阻力测定实验装置流程（见彩插）

1—储水槽；2—离心泵；3—粗糙管路；4—光滑管路；5—倒置 U 形管压差计；6—局部阻力测试管；7，10～18—阀门；
8，9—玻璃转子流量计；19，20—差压传感器；21—液体温度测温点；22—放水口

（3）差压传感器：型号 LXWY，测量范围 0～200kPa。
（4）离心泵：型号 WB70/055，流量 8m^3/h，扬程 12m，电机功率 550W。
（5）玻璃转子流量计：

型号	测量范围	精度
LZB-40	100～1000L/h	1.5
LZB-10	10～100L/h	2.5

（6）该实验装置的控制面板如图 2-1-7。

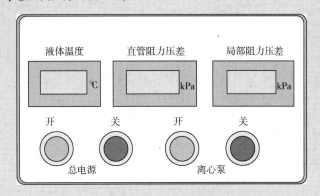

图 2-1-7 2003 年版本的实验装置控制面板

实验装置（2012年版）

1.实验装置流程图及控制面板

实验装置流程图见图2-1-8。

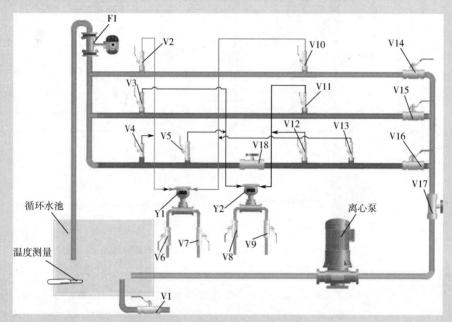

图 2-1-8　流体阻力测定实验装置流程图（2012年版，见彩插）

F1—涡轮流量计；V1~V18—阀门；Y1, Y2—差压传感器

该实验装置所用的离心泵、循环水池、管道及架子等均为不锈钢材质。工作流体为水。其流程为：循环水池—离心泵—调节阀—各测量管段—涡轮流量计—循环水池。

2.设备仪表参数

离心泵：材质均为不锈钢，型号为ISW40-125型，1.5kW，$H=20$m；

循环水池：700mm×440mm×400mm（长×宽×高）；

涡轮流量计：LWGY-15，0.6~6m³/h，液晶显示；

差压传感器：1151型，4~20mA 输出，测量范围 0~9999Pa（两个）；

差压显示表：万讯，多功能数显表，显示精度10Pa（两个）；

温度传感器：Pt100 航空接头；

温度显示表：万讯，数显，显示精度0.1℃；

细管测量段尺寸：ϕ19mm×1.5mm，内径ϕ16mm，不锈钢，测点长1000mm；

粗管测量段尺寸：ϕ25mm×2.5mm，内径ϕ20mm，不锈钢，测点长1000mm；

阀门测量段尺寸：ϕ25mm×2.5mm，内径ϕ20mm，全开铜闸阀；

总尺寸：2300mm×440mm×1750mm（长×宽×高）。

控制面板见图2-1-9。

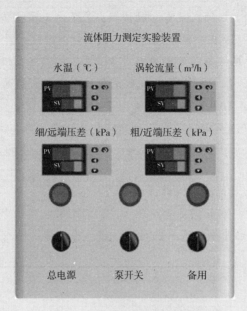

图 2-1-9　实验装置控制面板图

3.操作说明

（1）排气过程　打开调节阀 V17 到最大。分别打开 V14、V15、V16，打开各管路上的测压点阀，打开 2 个差压传感器上的排气放水阀，约 1min，观察引压管内无气泡后，关闭差压传感器上的放水阀，分别关闭 V14～V17，使得三根管流量均为 $0m^3/h$。此时观察差压传感器 Y1 和差压传感器 Y2 的读数是否在 -0.02～0.02kPa 之间，若不在，则需要调节差压传感器上的零点，此一般由教师完成。或分别记录此时的压差显示，作为系统误差，在计算时减去即可。注意：将系统内空气排尽是正确进行本实验的关键操作。

（2）测量说明（为了取得满意的实验结果，必须考虑实验点的布置和读数精度）

① 每一选定流量下，应尽量同步地读取各测量值读数，包括流量和压差读数。

② 每次改变流量，应以压差计读数 ΔP（kPa）变化一倍左右为宜（即每次大约控制在 0.1kPa、0.2kPa、0.4kPa、0.8kPa、1.6kPa、3.2kPa、6.4kPa、13kPa、最大值）。

● 这里说的控制在 0.1kPa 和 0.2kPa 等，并不是一定正好在这个值，只要在此附近就可以，如第 1 点在 0.08～0.12kPa，第 2 点在 0.18～0.22kPa 之间就可以；

● 最后一点是最大值，对直管测定指的是阀门开到最大，即流量最大时的压差，按实际压差记录即可；

● 可先测量任意管段。

● 只打开要测量管段的阀门和测压点阀，其他两根管段的调节阀和测压点阀应关闭。

③ 当读取压差计数显表读数时，由于显示仪表精度高，显示仪表读数随机波动大，应读取大约平均值，也可以均读取其最大值或最小值后取平均。

④ 在调节流量时，应徐徐开启阀门 V17，以压差计读数为调节依据。

4. 注意事项

（1）泵是机械密封，必须在泵有水时使用，若泵内无水空转，易造成机械密封件升温损坏而导致密封不严，专业厂家才能更换机械密封。因此，严禁泵内无水空转！

（2）在启动泵前，应检查三相动力电是否正常，若缺相，极易烧坏电机；为保证安全，检查接地是否正常；准备好上面工作后，在泵内有水的情况下检查泵的转动方向，若反转流量达不到要求，对泵不利。

（3）在调节流量时，泵出口调节阀应徐徐开启，严禁快开快关。

（4）长期不用时，应将槽内水放净，并用湿软布擦拭水箱，防止水垢等杂物附在上面。

（5）在冬季室内温度降至冰点时，设备内严禁存水。

（6）操作前，必须将水箱内异物清理干净，需先用抹布擦干净，再往循环水槽内放水，启动泵让水循环流动冲刷管道一段时间，然后将循环水槽内的水放净。再注入足量的水以准备实验。

（7）在实验过程中，严禁异物掉入循环水槽内，以免被吸入泵内损坏泵、堵塞管路和损坏涡轮流量计。

实验二 A 流量计性能测定实验

一、实验目的

（1）了解孔板、文丘里、转子及涡轮流量计的构造、工作原理和主要特点。
（2）练习并掌握节流式流量计的标定方法。
（3）练习并掌握节流式流量计流量系数 C 的确定方法，并能够根据实验结果分析流量系数 C 随雷诺数 Re 的变化规律。

二、实验内容

（1）测定并绘制节流式流量计的流量标定曲线，确定流量系数 C。
（2）分析实验数据，得出节流式流量计流量系数 C 随雷诺数 Re 的变化规律。

三、实验原理

1. 节流式流量计

流体通过节流式流量计时在流量计上、下游两取压口之间产生压强差，它与流量的关系为：

$$V_s = CA_0\sqrt{\frac{2(p_上 - p_下)}{\rho}}$$

式中　V_s——被测流体（水）的体积流量，m³/s；
　　　C——流量系数；
　　　A_0——流量计节流孔截面积，m²；
　　　$p_上 - p_下$——流量计上、下游两取压口之间的压强差，Pa；
　　　ρ——被测流体（水）的密度，kg/m³。

用涡轮流量计作为标准流量计来测量流量 V_s。每个流量在压差计上都有一个对应的读数，测量一组相关数据并作好记录，以压差计读数 Δp 为横坐标，流量 V_s 为纵坐标，在半对数坐标上绘制成一条曲线，即为流量标定曲线。同时，通过上式整理数据，可进一步得到流量系数 C 随雷诺数 Re 的变化关系曲线。

2. 转子流量计

转子流量计是工业上和实验室最常用的一种流量计。它具有结构简单、直观、压力损失小、维修方便等特点。

转子流量计，通过测量设在直流管道内的转动部件的位置来推算流量，是变面积式流量计的一种。在一根由下向上扩大的垂直锥管中，圆形横截面浮子的重力是由液体浮力和动压力承受的，浮子可以在锥管内自由地上升和下降。在动压力和浮力之和与浮子重力平衡后，浮子就稳定在一定高度，锥管的高度与流量有对应的关系。

转子流量计由两个部件组成，一个部件是从下向上逐渐扩大的锥形管，另一个部件是置于锥形管中且可以沿管的中心线上下自由移动的转子。转子流量计测量流体的流量时，被测流体从锥形管下端流入，流体的流动冲击着转子，并对它产生一个作用力（称为动压力，这个力的大小随流量大小而变化）；当流量足够大时，所产生的作用力将转子托起，并使之升高。同时，被测流体流经转子与锥形管壁间的环形断面，这时作用在转子上的力有三个：流体对转子的动压力、转子在流体中的浮力和转子自身的重力。流量计垂直安装时，转子重心与锥管管轴重合，作用在转子上的三个力均平行于管轴的方向。当这三个力达到平衡时，转子就平稳地浮在锥管内某一位置上。对于给定的转子流量计，转子大小和形状已经确定，因此它在流体中的浮力和自身重力都是已知的常量，唯有流体对浮子的动压力是随流体流速的大小而变化的。因此当流体流速变大或变小时，转子将做向上或向下的移动，相应位置的流动截面积也发生变化，直到流速变成平衡时对应的速度，转子就在新的位置上稳定。对于一个给定的转子流量计，转子在锥管中的位置与流体流经锥管的流量大小成一一对应关系。

3. 涡轮流量计

涡轮流量计是一种速度式仪表，它具有精度高、重复性好、结构简单、耐高压、测量范围宽、体积小、质量轻、压力损失小、寿命长、操作简单、维修方便等优点，用于封闭管道中测量低黏度、无强腐蚀性、清洁液体的体积流量和累积量。可广泛应用于石油、化工、冶金、有机液体、无机液体、液化气、城市燃气管网、制药、食品、造纸等行业。

涡轮流量计是速度式流量计中的主要种类，当被测流体流过涡轮流量计传感器时，在流体的作用下，叶轮受力旋转，其转速与管道平均流速成正比。同时，叶片周期性地切割电磁铁产生的磁力线，改变线圈的磁通量，根据电磁感应原理，在线圈内将感应出脉冲的电势信号，即电脉冲信号，此电脉冲信号的频率与被测流体的流量成正比。

四、实验装置（2018年版）

（1）实验流程图　流量计性能测定实验流程示意图见图 2-2-1A，实验装置仪表面板图见图 2-2-2A。

（2）实验设备主要技术参数

离心泵：型号 WB70/055；储水槽：550mm×400mm×450mm；

实验管路：内径ϕ42mm；涡轮流量计：LWGY-15，0～6m^3/h；

文丘里流量计：喉径ϕ15mm；孔板流量计：孔径ϕ15mm；

转子流量计：LZB-40，量程 400～4000L/h；

温度计：Pt100 数字仪表显示；差压传感器：0～200kPa。

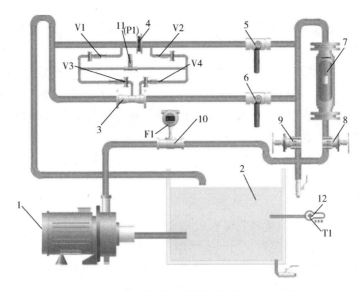

图 2-2-1A　流量计性能测定实验流程（见彩插）

1—离心泵；2—储水槽；3—文丘里流量计；4—孔板流量计；5,6—文丘里、孔板流量计调节阀；7—转子流量计；
8—转子流量调节阀；9—流量调节阀；10—涡轮流量计；11—差压传感器；12—温度计；V1～V4—测压用切断阀；
P1—节流式流量计两端的压差测量仪表；T1—流体温度测量仪表；F1—涡轮流量计流量测量仪表

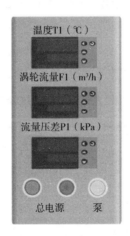

图 2-2-2A　实验装置仪表面板图

五、实验操作步骤

（1）向储水槽内注入蒸馏水至三分之二处，关闭流量调节阀 8、9，启动离心泵。

（2）文丘里流量计性能测量实验：按照流量从小到大（或者从大到小）的顺序进行实验。在流量计调节阀 5、8 及孔板测压阀门 V1、V2 全关的情况下，打开流量调节阀 6、9 及其文丘里流量计测压阀门 V3、V4，用流量调节阀 9 调节流量，每调节一个流量，读取并记录涡轮流量计读数和文丘里流量计压差。

（3）孔板流量计性能测量实验：按照流量从小到大（或者从大到小）的顺序进行实验。在流量调节阀 6、8 及文丘里测压阀门 V3、V4 全关的情况下，打开流量调节阀 5 及孔板测压阀门 V1、V2，用流量调节阀 9 调节流量，每调节一个流量读取并记录涡轮流量计读数和孔板流量计压差。

（4）测量转子流量计性能：按照流量从小到大（或者从大到小）的顺序进行实验。在流量调节阀 6、9 全关，流量调节阀 5 全开和测压切断阀 V1、V2、V3、V4 全关的情况下，用流量调节阀 8 调节流量，每调节一个流量读取并记录涡轮流量计读数和转子流量计读数。通过温度计读取并记录温度数据。

（5）实验结束后，关闭流量调节阀 8、9，关闭泵，一切复原。

六、注意事项

（1）离心泵启动前关闭流量调节阀 8、9，避免由于压力过大将转子流量计的玻璃管打碎。

（2）测量转子流量计性能时，另一支路即孔板和文丘里支路调节阀 9 必须关闭，同样测量孔板和文丘里流量计性能时，转子流量计支路调节阀 8 必须关闭。

（3）实验水质要保证清洁，以免影响涡轮流量计的正常运行。

七、报告内容和数据处理

1.报告内容

在合适的坐标系上，标绘流量计的流量 V_s 与压差 Δp 的关系曲线、流量系数 C 与雷诺数 Re 的关系曲线和转子流量计的流量与实际流量的关系曲线。

2.数据记录与结果处理表

数据记录与结果处理表见表 2-2-1A～表 2-2-3A。

表 2-2-1A　文丘里流量计性能测定数据记录及处理结果表

温度 $T=$ ____℃　黏度 $\mu=$ ____Pa·s　密度 $\rho=$ ____kg/m³

序号	文丘里流量计压差 Δp/kPa	涡轮流量 Q/（m³/h）	流速 u/（m/s）	Re	C_V
1					
2					
3					
...					
10					

表 2-2-2A　孔板流量计性能测定实验数据记录及处理结果

温度 $T=$ ____℃，黏度 $\mu=$ ____Pa·s，密度 $\rho=$ ____kg/m³

序号	孔板流量计压差 Δp/kPa	涡轮流量 Q/（m³/h）	流速 u/（m/s）	Re	C_0
1					
2					
3					
...					
10					

表 2-2-3A 转子流量计性能测定数据记录

序号	转子流量计流量/(L/h)	转子流量计流量/(m³/h)	涡轮流量 Q/(m³/h)
1			
2			
3			
...			
10			

3.数据处理结果示意图

数据处理结果示意图见图 2-2-3A～图 2-2-7A。

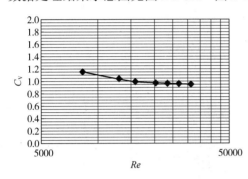

图 2-2-3A 文丘里流量计流量系数 C_V 与 Re 关系图

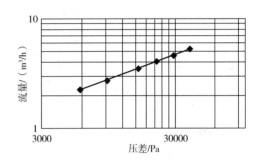

图 2-2-4A 文丘里流量计标定曲线

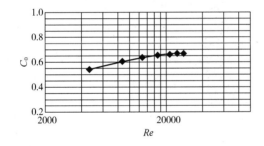

图 2-2-5A 孔板流量计流量系数 C_0 与 Re 关系图

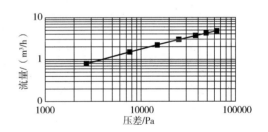

图 2-2-6A 孔板流量计标定曲线

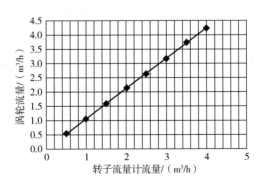

图 2-2-7A 转子流量计标定曲线

八、思考题

（1）实验管路及导压管中如果积存有空气，为什么要排除？
（2）什么情况下的流量计需要标定？标定方法有几种？本实验用的是哪一种？
（3）在所学过的流量计中，哪些属于节流式流量计，哪些属于变截面积流量计？

实验装置（2005年版）

1. 实验流程

实验流程见图2-2-8A。

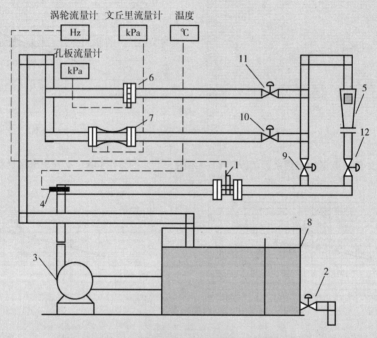

图 2-2-8A 流量计性能实验流程（2005年版）

1—涡轮流量计；2—放水阀；3—离心泵；4—温度计；5—转子流量计；6—孔板流量计；
7—文丘里流量计；8—储水槽；9~12—流量调节阀

用离心泵3将储水槽8的水送到实验管路中，经涡轮流量计计量后分别进入转子流量计、孔板流量计、文丘里流量计，最后返回储水槽8。测量孔板流量计时把流量调节阀9、11打开，流量调节阀10、12关闭；测量文丘里流量计时把流量调节阀9、10打开，流量调节阀11、12关闭；测量转子流量计时把流量调节阀10、11、12打开，流量调节阀9关闭。流量由调节阀10、11、12来调节，温度由铜电阻温度计测量。

2. 设备参数

实验管路：内径 $d = 26.0$ mm；文丘里流量计：喉径 $d_0 = 15.0$ mm；孔板流量计：孔板

孔径 $d_0 = 15.0$ mm；涡轮流量计：$\phi25$mm，最大流量 10m^3/h，涡轮流量计仪表常数 802.50 次/L；储水槽：550mm×400mm×450mm；差压传感器：0～200kPa。水的体积流量 Q（m^3/h）= 涡轮流量计频率（Hz）×3600/[涡轮流量计仪表常数（次/L）×1000]。

3.实验步骤

（1）启动离心泵前，检查水位，先打开流量调节阀 9，然后打开流量调节阀 10 和 11 中的任何一个，灌泵；关闭泵流量调节阀 9 和 12（流量调节阀 12 在离心泵启动前应关闭，避免由于压力过大而打碎转子流量计的玻璃管）。

（2）启动离心泵。

（3）按流量从小到大的顺序进行实验。分别测量孔板和文丘里流量计的压差随流量变化的标定曲线，以及转子流量计的读数随流量的变化曲线。测量方法是，用流量调节阀调至某一流量，待稳定后，读取涡轮频率数，并分别记录压强差或者流量读数。

（4）实验结束后，关闭泵出口流量调节阀 9、12 后，关闭泵。

4.数据记录及处理结果表

数据记录及处理结果表见表 2-2-4A～表 2-2-6A。

表 2-2-4A　文丘里流量计数据记录表

文丘里喉径 $d_0 = $ ____ mm，管内径 $d = $ ____ mm，储水槽 $V = 550$mm×400mm×450mm
水：温度 $T = $ ____ ℃，黏度 $\mu = $ ____ Pa·s，密度 $\rho = $ ____ kg/m^3
涡轮流量计常数 802.50 次/L

序号	涡轮流量计频率 f/Hz	文丘里流量计压差 Δp/kPa	流量 Q/(m^3/h)	流速 u/(m/s)	Re	C_V
1						
2						
3						
...						
12						

表 2-2-5A　孔板流量计数据记录表

孔板流量计孔径 $d_0 = $ ____ mm，管内径 $d = $ ____ mm
水：温度 $T = $ ____ ℃，黏度 $\mu = $ ____ Pa·s，密度 $\rho = $ ____ kg/m^3

序号	涡轮流量计频率 f/Hz	孔板流量计压差 Δp/kPa	流量 Q/(m^3/h)	流速 u/(m/s)	Re	C_0
1						
2						
3						
...						
14						
15						

表 2-2-6A　转子流量计数据记录表

水：温度 $T=$ ____ ℃，黏度 $\mu=$ ____ Pa·s，密度 $\rho=$ ____ kg/m³

序号	涡轮流量计频率 f/Hz	转子流量计流量 /(m³/h)	流量 Q /(m³/h)	流速 u /(m/s)
1				
2				
3				
...				
12				

实验二 B 流量计性能测定实验

一、实验目的

（1）了解孔板流量计和文丘里流量计的操作原理和特性。
（2）掌握孔板流量计和文丘里流量计的标定方法。

二、实验内容

（1）测定孔板流量计和文丘里流量计的流量系数 C_0、C_V 与管内 Re 的关系。
（2）通过 C_0、C_V 与管内 Re 的关系，比较两种流量计。

三、实验原理

1.流体在管内流量及 Re 的测定

流量测定一般有称重法、体积法和流量计法。本实验采用体积法：

$$Q = \frac{(h_2 - h_1)S}{t} \text{（m}^3\text{/s)}$$

式中　　h_1、h_2——计量槽中接水前后的液面读数，m；
　　　　Q——管内体积流量，m³/s；
　　　　S——计量槽横截面积，$S = 0.165\text{m}^2$；
　　　　t——接水时间，s。

$$Re = \frac{du\rho}{\mu} = \frac{1/4\pi d d u \rho}{1/4\pi d \mu} = \frac{4Q}{\pi d \mu}$$

式中　　ρ、μ——流体在测量温度下的密度和黏度，kg/m³、Pa·s；
　　　　d——管内径，$d = 50\text{mm}$。

2.孔板流量计

孔板流量计是利用动能和静压能相互转换的原理设计的，它以消耗大量机械能为代价。孔板的开孔越小，通过孔口的平均流速 u_0 越大，孔前后的压差 Δp 也越大，阻力损失也随之增大。其具体工作原理结构见图 2-2-1B。

为了减小流体通过孔口后突然扩大而引起的大量旋涡能耗，在孔板后开一渐扩形圆角。因此孔板流量计的安装是有方向的。若是方向弄反，不光能耗增大，同时其流量系数也将改变。

其体积流量计算式为：

$$Q = C_0 A_o \sqrt{\frac{2\Delta p}{\rho}}$$

式中 Q——流量，m^3/s；

C_0——孔流系数；

A_o——孔截面积，m^2，孔径 $d_o = 31.62mm$，

$A_o = 7.8527 \times 10^{-4} m^2$；

Δp——压差，Pa；

ρ——管内流体密度，kg/m^3。

流量计使用前，必须知道其孔流系数 C_0，一般由厂家提供或者由实验标定得到。其 C_0 主要取决于管道内流动的 Re 和面积比 $m = A_o/A$，取压方式、孔口形状、加工粗糙度、孔板厚度、安装等也对其有影响。当后者如取压方式等状况均按规定的标准时，称之为标准孔板。标准孔板的 C_0 只和 Re 和 m 有关。

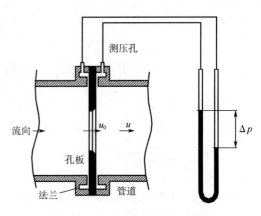

图 2-2-1B 孔板流量计示意图

3.文丘里流量计

仅仅为了测定流量而引起过多的能耗显然是不合适的，应尽可能设法降低能耗。能耗起因于孔板的突然缩小和突然扩大，特别是后者。因此，若设法将测量管段制成如图2-2-2B所示的渐缩和渐扩管，避免突然缩小和突然扩大，必然可大大降低能耗。这种流量计称为文丘里流量计（见图 2-2-2B）。

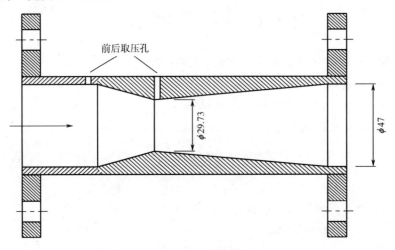

图 2-2-2B 文丘里流量计示意图

文丘里流量计的工作原理与公式推导过程完全与孔板流量计相同，但以 C_V 代替 C_0。因为在同一流量下，文丘里管压差小于孔板的，因此 C_V 一定大于 C_0。

在实验中，只要测出对应的流量 Q 和压差 Δp，即可计算出其对应的系数 C_0 和 C_V。

4.孔板流量计与文丘里流量计比较

共同点：①原理及计算公式相同；②C_0（C_V）随 Re 变化的规律是一致的，即 C_0（C_V）随 Re 的增大而逐渐趋于稳定，当流量达到一定时，C_0（C_V）不再随 Re 增大而变化，为一

常数。这也是孔板流量计或文丘里流量计的适用范围。

不同点：①同一流量下，孔板流量计能耗远高于文丘里流量计，这也可从压差上验证；②孔板流量计测量精度高于文丘里流量计；③孔板 C_0 随 Re 变化的稳定段很短，使用下限比文丘里管低；④同一 m 值下，$C_V > C_0$。这些规律见图 2-2-3B。

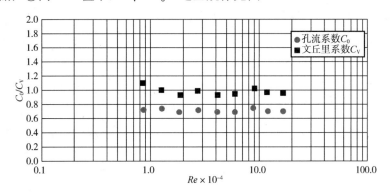

图 2-2-3B　流量系数与雷诺数关系图

四、实验装置（2012年版）

1.流程示意图

流程示意图见图 2-2-4B。

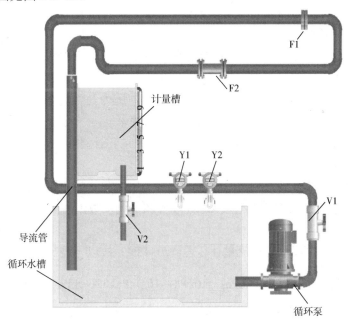

图 2-2-4B　流量计性能测定实验流程（见彩插）

F1—孔板流量计；F2—文丘里流量计；V1，V2—阀门；Y1，Y2—差压传感器

流程描述：循环水槽—循环泵—阀门 V1—孔板流量计 F1—文丘里流量计 F2—计量槽—阀门 V2—循环水槽。

2.主要设备仪表参数

循环泵：铸铁叶轮，功率 1.5kW，型号 TD50-15/2SWHC；

循环水槽：不锈钢 1200mm×520mm×500mm，有效容积 300L；

计量槽：不锈钢 300mm×550mm×500mm，有效横截面积 $0.165m^2$，有效容积 75L；

孔板流量计：不锈钢标准环隙取压，工作管路内径为 50mm，孔径为 31.62mm，面积比 $m = 0.4$；

文丘里流量计：不锈钢，工作管路内径为 50mm，孔径为 31.62mm，面积比 $m = 0.4$；

差压传感器：测量范围 0~99.99kPa，显示精度 10Pa；

压差显示表：数显；

温度传感器：Pt100 航空接头；

温度显示表：数显，显示精度 0.1℃；

本实验耗电负荷：1.5kW；

秒表：1 块。

控制面板见图 2-2-5B。

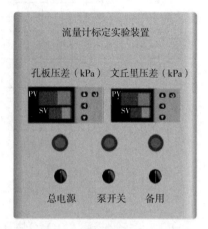

图 2-2-5B　流量计性能实验控制面板

五、实验操作步骤

（1）检查　循环水槽内灌满清水至 2/3 容积以上，检查泵调节阀是否关闭。

（2）开车　打开离心泵出口阀，靠液面高度差灌泵。开启设备电源，启动离心泵。

（3）排气　缓缓打开调节阀 V1 到较大值，打开两个差压传感器上的放空阀，排除管路内气体。当看到引压管路无气泡，可关闭差压传感器上的放空阀，再关闭管路调节阀 V1。判断引压管内空气是否排净，看两个压差显示表上的压力是否为零，一般压差在-0.05~0.05kPa 之间即可认为气体排净。若超过此范围有两种可能，一是气体没有排尽需重新排气操作，二是由于仪表零点漂移，此时需调零，或在记录和计算时加减零点漂移。具体调零方法参见附录一。

（4）测量　为了取得满意的实验结果，必须考虑实验点的布置和读数精度。

① 在每一定常流量下，应尽量同步地读取各测量值读数。包括实际流量测定、两个压差计的读数。

② 每次改变流量，应以孔板流量计压差 Δp（kPa）按以下规律变化：

0.2kPa、0.4kPa、1.0kPa、2.0kPa、5.0kPa、10.0kPa、20.0kPa、40.0kPa、最大值

为使实验点分布均匀而不需要过多测量点，以上读数基本上是成倍增加的，这是因为横坐标用的是对数坐标。流量按孔板压差计读数为准调节，文丘里压差按实际显示读数。在调节过程中，因为压差为数显，数字会出现波动，因此这里说的压差控制在 0.2kPa、0.4kPa 等，并不是一定在这个值，只要在此附近就可以，例如要求压差为 0.2kPa，达到 0.19~0.21kPa 之间就可以；最大，指的是阀门开到最大，流量为最大，按实际流量记录即可。

③ 当读取小流量下的读数时，宜稍等稳定后再读数。

（5）停车　实验完毕，关闭离心泵出口阀，关泵，关闭电源开关。

六、注意事项

（1）在测取每个定常状况数据时，需同时测取，因此需要分工协作。

（2）泵启动前需检查相线和正倒转，是指长时间停用后，泵在启动前需检查；另外，在长时间不用时，开启泵时注意观察泵启动声音和转动是否正常，以防止泵内异物卡住而烧坏电机，若连续使用可省去此步骤。

（3）测量时，显示仪表读数会有波动，此时应准确估读其平均值。

（4）实验的成功与否与实验者的测量读数精度有很大关系，因此要求同组学员必须认真对待，精心操作。原则上要求读数精度必须精确到仪表最小刻度的估读值。如本实验测量实际流量时，若要求测量误差≤2%，则要求每次测量时间和液面升高的量必须同时满足计量时间≥10s、液面差≥100mm。

（5）面板上的仪表已经按使用设置调节好，不要乱动仪表上的按钮，以免造成显示紊乱。

七、实验报告和数据处理

1.实验报告

（1）记录实际流量和孔板流量计与文丘里流量计压差读数，计算出对应的 C_0 与 C_V。

（2）用半对数坐标标出 C_0 与 C_V、Re 的关系曲线。

2.实验数据记录表

实验数据记录表见表 2-2-1B。

表 2-2-1B　实验数据记录表

管内径：50mm　　孔内径：31.6mm　　计量槽面积：0.165m²
水温：＿＿＿℃　　水黏度：＿＿＿mPa·s　　水密度：＿＿＿kg/m³

序号	实测流量				孔板压差 Δp/kPa	文丘里压差 Δp/kPa	Re ×10⁻⁴	C_0	C_V
	h_1/mm	h_2/mm	t/s	Q/(m³/h)					
1					0.2				
2					0.4				
3					1.0				
4					2.0				
5					5.0				
6					10.0				
7					20.0				
8					40.0				
9					最大值				

实验三A 离心泵性能测定实验

一、实验目的

(1) 熟悉离心泵的结构、性能及特点,练习并掌握其操作方法。
(2) 掌握离心泵特性曲线和管路特性曲线的测定方法、表示方法,加深对离心泵性能的了解。

二、实验内容

(1) 熟悉离心泵的结构与操作方法。
(2) 测定某型号离心泵在一定转速下的特性曲线。
(3) 测定流量调节阀某一开度下的管路特性曲线。

三、实验原理

1. 离心泵特性曲线测定

离心泵是最常见的液体输送设备。在一定的型号和转速下,离心泵的扬程 H、轴功率 N 及效率 η 均随流量 Q 而改变。通常通过实验测出 $H\text{-}Q$、$N\text{-}Q$ 及 $\eta\text{-}Q$ 关系,并用曲线表示,称为特性曲线。特性曲线是确定泵的适宜操作条件和选用泵的重要依据。泵特性曲线的具体测定方法如下:

(1) H 的测定 在泵的吸入口和排出口之间列伯努利方程:

$$Z_\text{入} + \frac{p_\text{入}}{\rho g} + \frac{u_\text{入}^2}{2g} + H = Z_\text{出} + \frac{p_\text{出}}{\rho g} + \frac{u_\text{出}^2}{2g} + h_{f,\text{入-出}}$$

$$H = (Z_\text{出} - Z_\text{入}) + \frac{p_\text{出} - p_\text{入}}{\rho g} + \frac{u_\text{出}^2 - u_\text{入}^2}{2g} + h_{f,\text{入-出}}$$

上式中 $h_{f,\text{入-出}}$ 是泵的吸入口和排出口之间管路内的流体流动阻力,与伯努利方程中其他项比较,$h_{f,\text{入-出}}$ 值很小,故可忽略。于是上式变为:

$$H = (Z_\text{出} - Z_\text{入}) + \frac{p_\text{出} - p_\text{入}}{\rho g} + \frac{u_\text{出}^2 - u_\text{入}^2}{2g}$$

将测得 $(Z_\text{出} - Z_\text{入})$ 和 $(p_\text{出} - p_\text{入})$ 的值以及计算所得的 $u_\text{入}$、$u_\text{出}$ 代入上式,即可求得 H。

(2) N 测定 功率表测得的功率为电动机的输入功率。由于泵由电动机直接带动,传动效率可视为1,所以电动机的输出功率等于泵的轴功率。即:

泵的轴功率＝电动机的输出功率，kW。
电动机输出功率＝电动机输入功率×电动机效率。
泵的轴功率＝功率表读数×电动机效率，kW。

（3）η 测定

$$\eta = \frac{N_e}{N}, \quad N_e = \frac{HQ\rho g}{1000} = \frac{HQ\rho}{102}$$

式中　η——泵的效率；
　　　N——泵的轴功率，kW；
　　　N_e——泵的有效功率，kW；
　　　H——泵的扬程，m；
　　　Q——泵的流量，m^3/s；
　　　ρ——水的密度，kg/m^3。

2.管路特性曲线测定

当离心泵安装在特定的管路系统中工作时，实际的工作压头（扬程）和流量不仅与离心泵本身的性能有关，还与管路特性有关，也就是说，在液体输送过程中，泵和管路二者是相互制约的。

管路特性曲线是指流体流经管路系统的流量与所需压头之间的关系。若将泵的特性曲线与管路特性曲线绘在同一坐标图上，两曲线交点即为泵在该管路的工作点。因此，与通过改变阀门开度来改变管路特性求出泵的特性曲线一样，可通过改变泵转速来改变泵的特性，从而得出管路特性曲线。泵压头 H 的计算同上。

四、实验装置（2018年版）

1.实验装置流程图

离心泵性能测定流程示意图见图 2-3-1A，仪表面板示意图见图 2-3-2A。

2.实验设备主要技术参数

离心泵：型号 WB70/055，电动机效率为 60%，实验管路 $d = 0.042m$；
真空表测压位置管内径 $d_入 = 0.042m$；
压力表测压位置管内径 $d_出 = 0.042m$；
真空表与压力表测压口之间垂直距离 $h_0 = 0.240m$；
流量测量：涡轮流量计，型号 LWY-40C，量程 0～$20m^3/h$，数字仪表显示；
功率测量：功率表，型号 PS-139，精度 1.0 级，数字仪表显示；
泵入口真空度测量：真空表表盘直径 100mm，测量范围 -0.1～0MPa；
泵出口压力的测量：压力表表盘直径 100mm，测量范围 0～0.25MPa；
温度测量：温度计 Pt100，数字仪表显示。

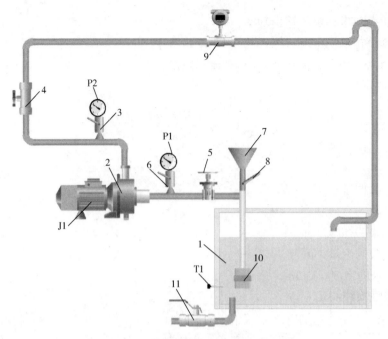

图 2-3-1A　离心泵性能测定流程（见彩插）

1—水箱；2—离心泵；3—泵出口压力表取压阀；4—流量调节阀；5—泵入口阀；6—泵入口真空表取压阀；
7—灌泵入口；8—灌水阀门；9—涡轮流量计；10—底阀；11—排水阀；J1—电动机；
P1—泵入口真空表；P2—泵出口压力表；T1—温度计

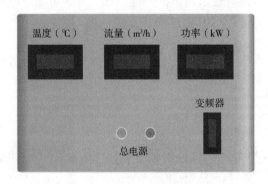

图 2-3-2A　仪表面板示意图

五、实验操作步骤

1.离心泵性能测定实验

（1）向水箱 1 内注入蒸馏水，检查泵入口阀 5 是否打开（应保持全开），流量调节阀 4、压力表 P2 及真空表 P1 的控制阀门 3 和 6 是否关闭（应保持关闭）。

（2）启动实验装置总电源，由于离心泵安装有一定的安装高度，因此要灌泵才能启动泵，打开灌水阀门 8，由灌泵入口 7 灌水直至水满后关闭灌水阀门 8。

（3）按变频器的 RUN 键启动离心泵，逐渐全开流量调节阀 4，待流量调节阀 4 全开且流量稳定后开启压力表 P2 及真空表 P1 的控制阀门 3 和 6，数据测取可从最大流量开始逐渐减小流量至流量为零，也可以相反顺序测量。一般测取 10~20 组数据。通过改变流量调节阀 4 的开度测定数据。

（4）测定数据时，一定要在系统条件稳定的情况下进行记录，分别读取流量计、压力表、真空表、功率表及流体温度等数据并记录。

（5）实验结束时，关闭流量调节阀 4，关闭压力表 P2 和真空表 P1 的控制阀门 3 和 6，切断电源。

2.管路特性实验

（1）首先关闭离心泵的流量调节阀 4，关闭真空表和压力表控制阀 3、6。

（2）启动离心泵，调节流量调节阀 4 到一定开度并记录数据（流量、入口真空度和出口压力）。改变变频器的频率记录以上数据（参照数据表）。

（3）实验结束关闭流量调节阀 4 及其压力表 P2 及真空表 P1 的控制阀门 3 和 6，关闭离心泵。

六、注意事项

（1）该装置电路采用五线三相制配电，实验设备应良好接地。

（2）启动离心泵之前，一定要关闭压力表 P2 和真空表 P1 的控制阀门 3 和 6，以免离心泵启动时对压力表和真空表造成损害。

七、报告内容和数据处理

1.报告内容

（1）将实验数据和计算结果列在数据表格中，并以一组数据进行计算举例。

（2）在合适的坐标系上标绘离心泵的特性曲线与管路特性曲线，并在图上标出离心泵的各种性能（泵的型号、转速和高效区）。

2.数据记录与结果处理表

数据记录与结果处理见表 2-3-1A、表 2-3-2A。

表 2-3-1A 离心泵性能测定数据记录表

水温度：_____ ℃   液体密度：_____ kg/m³   泵进、出口高度差：_____ m

序号	入口压力 p_1/MPa	出口压力 p_2/MPa	电机功率 P/kW	流量 Q /(m³/h)	$u_入$ /(m/s)	$u_出$ /(m/s)	压头 H/m	轴功率 N/W	η/%
1									
2									
3									
...									
12									

表 2-3-2A 管路特性数据表

序号	电机频率 /Hz	入口压力p_1 /MPa	出口压力p_2 /MPa	流量Q /(m³/h)	$u_入$ /(m/s)	$u_出$ /(m/s)	压头 H/m
1							
2							
3							
…							
18							

3.数据处理结果示意图

数据处理结果示意图见图 2-3-3A。

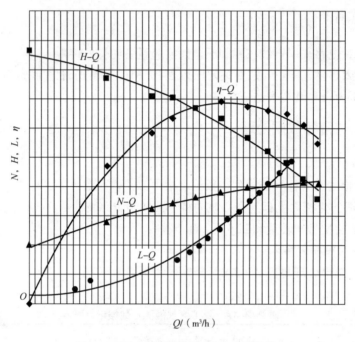

图 2-3-3A 离心泵性能-管路特性曲线

八、思考题

（1）随着泵出口流量调节阀开度的增大，泵入口真空表读数以及泵出口压力表读数是减少还是增加，为什么？

（2）本实验中为了得到较好的实验结果，实验流量范围下限应小到零，上限应尽量大，为什么？

（3）为什么可以通过出口阀来调节离心泵的流量？往复泵的流量是否也可采用同样的方法来调节，为什么？

实验装置（2005年版）

1.实验装置图

实验装置流程见图 2-3-4A。离心泵 1 将储水槽 6 内的水输送到实验系统，用流量调节阀 2 调节流量，流体经涡轮流量计 4 计量后，流回储水槽。

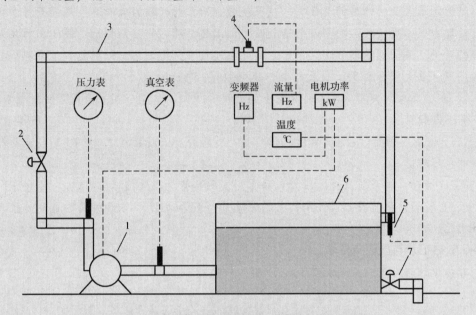

图 2-3-4A 离心泵性能测定实验装置流程示意图

1—离心泵；2—流量调节阀；3—实验管路；4—涡轮流量计；5—温度计；6—储水槽；7—排水阀

2.设备参数

离心泵：流量 $Q = 4\text{m}^3/\text{h}$，扬程 $H = 8\text{m}$，轴功率 $N = 168\text{W}$；

真空表测压位置：管内径 $d_1 = 0.025\text{m}$；

压力表测压位置：管内径 $d_2 = 0.025\text{m}$；

真空表与压力表测压口之间的垂直距离：0.18m；

实验管路内径：$d = 0.040\text{m}$；

电动机效率：60%；

流量测量：采用涡轮流量计测量流量（仪表常数 78.826 次/L）。

3.实验方法及步骤

① 向储水槽 6 内注入足量的蒸馏水（总体积 2/3 处）。

② 检查流量调节阀 2、压力表及真空表的开关，确保它们是关闭的。

③ 启动实验装置总电源，用变频器上的"∧""∨"及"＜"键设定频率（0～50Hz）后，按 RUN 键启动离心泵，缓慢打开流量调节阀 2 至全开。待系统内流体稳定，打开压力表和真空表的开关，方可测取数据。

④ 在变频器的频率保持不变，即泵的转速一定的条件下，通过调整流量调节阀2的开度来改变管路中流体的流量，测取数据的顺序可从最大流量至零或反之，一般测10～15组数据，得到绘制泵特性曲线的数据。

⑤ 每次在稳定的条件下同时记录流量、压力表、真空表、功率表的读数及流体温度。

⑥ 关闭压力表及真空表的开关，关闭流量调节阀，停泵。

⑦ 管路特性曲线的测定：用变频器设定不同的频率后，重新启动离心泵，然后缓慢地将流量调节阀2的开度调至最大，待系统稳定后，打开压力表和真空表的开关，记录流量、压力表、真空表、功率表的读数及流体温度。测完一组数据后，关闭压力表及真空表的开关，关闭流量调节阀，停泵。重复上述过程，得到下一组数据。注意测取数据的顺序可从最大频率至5Hz或反之，一般测10～15组数据。

⑧ 实验结束，关闭压力表及真空表的开关，关闭流量调节阀，停泵，切断电源。

4.注意事项

（1）使用变频器时应使FWD指示灯亮，切忌按FWD REV键，使REV指示灯亮，导致电机反转。

（2）启动离心泵前，关闭压力表和真空表的开关，以免损坏压力表。

（3）水的体积流量Q（m^3/h）= 涡轮流量计频率（Hz）×3600/[涡轮流量计仪表常数（次/L）×1000]。

5.数据记录与处理结果表

数据记录与处理结果见表2-3-3A、表2-3-4A。

表2-3-3A　离心泵性能测定数据表

水：$T=$____℃，$\rho=$____kg/m^3；泵进出口高度=____m

序号	电机频率 f/Hz	涡轮流量计频率 f/Hz	入口压力 p_1/MPa	出口压力 p_2/MPa	电机功率 /kW	流量Q /（m^3/h）	压头 H/m	轴功率 N/kW
1								
2								
3								
...								
10								

表2-3-4A　管路特性曲线测定

序号	电机频率 f/Hz	涡轮流量计频率 f/Hz	入口压力 p_1/MPa	出口压力 p_2/MPa	流量 Q/（m^3/h）	压头 H/m
1						
2						
3						
...						
15						

实验三 B 离心泵性能测定实验

一、实验目的

（1）了解离心泵的操作及有关仪表的使用方法。
（2）测定离心泵在固定转速下的操作特性，作出特性曲线。

二、实验原理

离心泵的特性曲线取决于泵的结构、尺寸和转速。对于一定的离心泵，在一定的转速下，泵的扬程 H 与流量 Q 之间存在一定的关系。此外，离心泵的轴功率和效率亦随泵的流量而改变。因此 H-Q、p-Q 和 η-Q 三条关系曲线反应了离心泵的特性，称为离心泵的特性曲线。由于离心泵内部作用的复杂性，其特性曲线必须用实验方法测定。

（1）流量 Q 测定   流量测定一般有称重法、体积法和流量计法。本实验采用体积法：

$$Q = \frac{(h_2 - h_1)S}{t}$$

式中　h_1、h_2——计量槽中接水前后的液面高度读数，m；
　　　Q——管内体积流量，m³/s；
　　　S——计量槽横截面积，m²；
　　　t——接水时间，s。

（2）扬程的计算   可在泵的进出口两测压点之间列伯努利方程求得。

$$H = \frac{p_2' - p_1'}{\rho g} \times 10^6$$

式中　p_2'、p_1'——压力表和真空表表头读数，MPa；
　　　ρ——流体（水）在操作温度下的密度，kg/m³。

（3）电功率 $P_电$ $P_电$ 是电动机的功率（kW），用三相功率表直接测定。

（4）泵的总效率

$$\eta = \frac{泵有效功率（泵输出的净功率）}{电机功率} = \frac{qH\rho g}{P_电 \times \eta_电}$$

式中，$\eta_电$ 表示电动机的转换效率。

（5）转速校核   应将以上所测参数校正为额定转速 2900r/min 下的数据来作特性曲线图。

$$\frac{Q'}{Q} = \frac{n'}{n} \qquad \frac{H'}{H} = \left(\frac{n'}{n}\right)^2 \qquad \frac{P'}{P} = \left(\frac{n'}{n}\right)^3 \qquad \begin{array}{l} n'为额定转速 \\ n为实际转速 \end{array}$$

管内 Re 的计算：

$$Re = \frac{du\rho}{\mu} = \frac{1/4\pi dd u\rho}{1/4\pi d\mu} = \frac{4Q\rho}{\pi d\mu}$$

以上在计算过程中用到的 Q 均应为实际流量。

三、实验装置（2012年版）

1.流程示意图

实验装置示意图如图 2-3-1B，实验装置控制面板如图 2-3-2B。离心泵、循环水池、计量槽、管道及架子等均为不锈钢材质。工作流体为水。

其流程为：循环水池—离心泵—调节阀—孔板—上弯摆管—计量槽（或导流管）—循环水池。

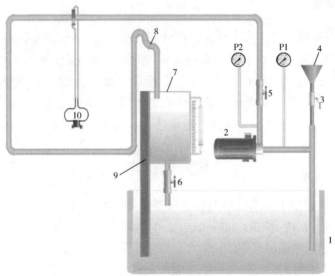

图 2-3-1B 离心泵性能测定实验装置示意图（见彩插）

1—循环水池；2—离心泵；3—灌泵阀；4—灌泵漏斗；5—出口阀；6—放水阀；7—计量槽；
8—上摆弯管；9—导流槽；10—差压传感器；P1—真空表；P2—压力表

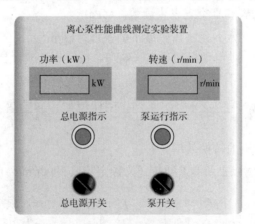

图 2-3-2B 离心泵性能实验装置控制面板

2.设备参数

离心泵：材质为全不锈钢，型号 MS250 型，1.5kW，扬程 20m，流量 15m^3/h；
循环水池：1200mm×580mm×500mm（长×宽×高）；
计量槽：300mm×570mm×560mm（长×宽×高）；
管内径：40mm；
孔板流量计：全不锈钢，环隙取压，孔径 = 25.3mm，m = 0.4；
三相电功率表：2kW，电动机效率为 0.7。

四、实验操作步骤

（1）灌泵　泵的位置高于水面，为防止泵启动时发生气缚，应先把泵灌满水；关闭泵进口阀，打开泵出口阀，打开灌泵阀，灌泵，当水不流入时，关闭灌泵阀，关闭泵出口阀，等待启动离心泵。

（2）开车　启动离心泵，当泵出口压力表读数明显增加（一般大于 0.15MPa），说明泵已经正常启动，未发生气缚现象，否则需重新灌泵操作。

（3）排气
① 打开泵出口阀将流量调到最大进行排气。
② 检查系统内空气是否排尽：关闭泵出口阀，此时压差计读数应为零（液面平），若不平继续排气。

（4）测量　为了取得满意的实验结果，必须考虑实验点的布置和测量次数。
① 在每一定常流量下，应尽量同步地读取各测量值。包括计量槽接水前后的液面读数、计量时间、真空表、压力表、功率表、转速表读数。
② 每次改变流量，应以流量仪表显示读数来调节。为同时考虑到泵性能曲线测定和流量计标定，建议按以下流量进行：Δp = 0Pa、100Pa、200Pa、500Pa、1000Pa、2000Pa、3000Pa、4000Pa、5000Pa、6000Pa、最大值。

（5）停车　实验完毕后，关闭出口阀，开启平衡阀，然后再停泵。

说明：第一次的灌泵操作一般由教师进行，以后只要按操作步骤进行即可，不需灌泵。

五、注意事项

（1）本实验装置具有工程特点，在每个定常状况下测取数据时，需同时测取多个数据，因此需要分工。

（2）泵启动前需转动泵，是指长时间停用后，在启动前需用手先转动泵轴以防止泵内异物卡住而烧坏电机，若连续使用可省去此步骤。

（3）测流量时，为保证测量数据的误差小于 2%，测量时，每次的液面差必须大于 100mm，计量时间必须大于 10s，这两个要求都应满足。且要求启动秒表与摆头的动作要快速、同步。

（4）测量压差计的液面时，小流量时，波动小但液面要读准确；大流量时，液面波动大，从中间估读，注意上下波动位置。

（5）对于灌泵操作，第一次灌好后，按上述操作步骤停车后，泵内是充满水的，下次运行时可以不进行灌泵操作。

（6）最大流量时，为防止计量槽中的水过满溅出，接水时间不超过 10s。

六、实验数据记录表

实验数据记录表见表 2-3-1B、表 2-3-2B。

表 2-3-1B　离心泵性能测定实验数据记录表

水温：_____℃　　管径：_____mm　　孔径：_____mm

序号	流量				扬程			电功率	η/%	转速 n	流量计
	h_1/mm	h_2/mm	t/s	Q/(L/s)	$-p_1$/MPa	p_2/MPa	H/m	$P_电$/kW		/(r/min)	Δp/Pa
1											
2											
3											
…											
11											

表 2-3-2B　实验数据处理结果表

序号	泵特性曲线（校正后）				流量计标定曲线		备注
	Q/(L/s)	H/m	P/kW	η/%	Re	C_0	
1							
2							
3							
…							
10							

实验四 传热实验

一、实验目的

（1）通过对空气-水蒸气简单套管换热器的实验研究，掌握管内流体对流传热系数α_i的测定方法，加深对其概念和影响因素的理解。

（2）通过对管程内部插有螺旋线圈的空气-水蒸气强化套管换热器的实验研究，掌握对流传热系数α_i的测定方法，加深对其概念和影响因素的理解。

（3）学会使用线性回归分析方法，确定简单套管传热关联式$Nu_0 = ARe^m Pr^{0.4}$中常数A、m的数值，强化套管关联式$Nu = BRe^n Pr^{0.4}$中B和n的数值。

（4）根据计算出的Nu、Nu_0求出强化比Nu/Nu_0，比较强化传热的效果，加深理解强化套管传热的基本理论和基本方式。

（5）通过变换列管换热器换热面积测取数据计算总传热系数K，加深对其概念和影响因素的理解。

（6）认识套管换热器（光滑、强化）、列管换热器的结构及操作方法，测定并比较不同换热器的性能。

二、实验内容

（1）测定5～6组不同流速下简单套管换热器的对流传热系数α_i。
（2）测定5～6组不同流速下强化套管换热器的对流传热系数α。
（3）测定5～6组不同流速下空气全流通列管换热器总传热系数K_1。
（4）测定5～6组不同流速下空气半流通列管换热器总传热系数K_2。
（5）对α_i的实验数据进行线性回归分析，确定关联式$Nu = ARe^m Pr^{0.4}$中常数A、m的数值。
（6）通过关联式$Nu = ARe^m Pr^{0.4}$计算出Nu、Nu_0，并确定传热强化比Nu/Nu_0。

三、实验原理

1.简单套管换热器传热系数测定及准数关联式的确定

（1）对流传热系数α_i的测定

对流传热系数α_i可以根据牛顿冷却定律，通过实验来测定。

$$Q_i = \alpha_i \times S_i \times \Delta t_m$$

$$\alpha_i = \frac{Q_i}{\Delta t_m \times S_i}$$

式中　α_i——管内流体对流传热系数，W/（m²·℃）；

Q_i——管内传热速率，W；

S_i——管内换热面积，m^2；

Δt_m——壁面与主流体间的温度差，℃。

平均温度差由下式确定：

$$\Delta t_m = \frac{(t_w - t_2) - (t_w - t_1)}{\ln \dfrac{t_w - t_2}{t_w - t_1}}$$

式中　t_1——冷流体的入口温度，℃；

　　　t_2——冷流体的出口温度，℃；

　　　t_w——壁面平均温度，℃。

因为换热器内管为紫铜管，其热导率很大，且管壁很薄，故认为内壁温度、外壁温度和壁面平均温度近似相等，用t_w来表示，由于管外使用蒸汽，所以t_w近似等于热流体的平均温度。

管内换热面积：

$$S_i = \pi d_i L_i$$

式中　d_i——内管管内径，m；

　　　L_i——传热管测量段的实际长度，m。

由热量衡算式：

$$Q_i = W_i c_{pi}(t_2 - t_1)$$

其中质量流量由下式求得：

$$W_i = \frac{V_i \rho_i}{3600}$$

式中　V_i——冷流体在套管内的平均体积流量，m^3/h；

　　　c_{pi}——冷流体的定压比热容，kJ/（kg·℃）；

　　　ρ_i——冷流体的密度，kg/m^3。

c_{pi}和ρ_i可根据定性温度t_m查得，$t_m = \dfrac{t_1 + t_2}{2}$为冷流体进出口平均温度。$t_1$、$t_2$、$t_w$、$V_i$可采取一定的测量手段得到。

（2）对流传热系数准数关联式的实验确定

流体在管内做强制湍流，被加热状态，准数关联式的形式为：

$$Nu_i = A Re_i^m Pr_i^n$$

其中：$Nu_i = \dfrac{\alpha_i d_i}{\lambda_i}$，$Re_i = \dfrac{u_i d_i \rho_i}{\mu_i}$，$Pr_i = \dfrac{c_{pi} \mu_i}{\lambda_i}$。

物性数据λ_i、c_{pi}、ρ_i、μ_i可根据定性温度t_m查得。对于管内被加热的空气$n = 0.4$，则关联式的形式简化为：

$$Nu_i = A Re_i^m Pr_i^{0.4}$$

这样通过实验确定不同流量下的 Re_i 与 Nu_i，然后用线性回归方法确定 A 和 m 的值。

2.强化套管换热器传热系数、准数关联式及强化比的测定

强化传热技术，可以使所需的传热面积减小，从而减小换热器的体积和重量，提高了现有换热器的换热能力，达到强化传热的目的。同时换热器能够在较低温差下工作，减少了换热器工作阻力，以减少动力消耗，更合理有效地利用能源。强化传热的方法有多种，本实验装置采用螺旋线圈的方式进行强化传热。

螺旋线圈强化管内部结构如图 2-4-1 所示，螺旋线圈由直径 3mm 以下的钢丝按一定节距绕成。将金属螺旋线圈插入并固定在管内，即可构成一种强化传热管。在近壁区域，流体由于螺旋线圈的作用而发生旋转，且周期性地受到线圈的螺旋金属丝的扰动，因而可以使传热强化。由于绕制线圈的金属丝直径很细，流体旋流强度也较弱，所以阻力较小，有利于节省能源。螺旋线圈是以线圈节距 H 与管内径 d 的比值以及管壁粗糙度（$2d/h$）为主要技术参数，且长径比是影响传热效果和阻力系数的重要因素。

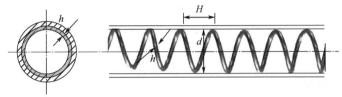

图 2-4-1　螺旋线圈强化管内部结构

科学家通过实验研究总结了形式为 $Nu = B Re^n Pr^{0.4}$ 的经验公式，其中 B 和 n 的值因强化方式不同而不同。在本实验中，确定不同流量下的 Re 与 Nu，用线性回归方法可确定 B 和 n 的值。

单纯研究强化手段的强化效果（不考虑阻力的影响），可以用强化比的概念作为评判准则，它的形式是 Nu/Nu_0，其中 Nu 是强化管的努塞尔数，Nu_0 是普通管的努塞尔数，显然，强化比 $Nu/Nu_0 > 1$，而且它的值越大，强化效果越好。需要说明的是，如果评判强化方式的真正效果和经济效益，则必须考虑阻力因素，阻力系数随着换热系数的增加而增加，从而导致换热性能的降低和能耗的增加，只有强化比较高，且阻力系数较小的强化方式，才是最佳的强化方法。

3.列管换热器总传热系数 K 的计算

总传热系数 K 是评价换热器性能的一个重要参数，也是对换热器进行传热计算的依据。对于已有的换热器，可以通过测定有关数据，如设备尺寸、流体的流量和温度等，通过传热速率方程式计算 K 值。

传热速率方程式是换热器传热计算的基本关系。该方程式中，冷、热流体温度差 ΔT 是传热过程的推动力，它随着传热过程冷、热流体的温度变化而改变。

传热速率方程式　　　　　　$Q = K_o \times S_o \times \Delta T_m$

热量衡算式　　　　　　　　$Q = c_p \times W \times (T_2 - T_1)$

总传热系数　　　　　　　　$K_o = \dfrac{c_p \times W \times (T_2 - T_1)}{S_o \times \Delta T_m}$

$$\Delta T_{\mathrm{m}} = \frac{(T_1 - t_2) - (T_2 - t_1)}{\ln \dfrac{T_1 - t_2}{T_2 - t_1}}$$

式中 Q——热量，W；

S_o——传热面积，m²；

ΔT_{m}——冷热流体的平均温差，℃；

K_o——总传热系数，W/（m²·℃）；

c_p——定压比热容，J/（kg·℃）；

W——空气质量流量，kg/s；

t_2、t_1——空气进、出口温度，℃；

T_1、T_2——水蒸气进、出口温度，℃。

列管换热器的换热面积

$$S_o = n\pi d_o L_o$$

式中 d_o——列管换热器直径，m；

L_o——列管长度，m；

N——列管根数。

四、实验装置

1. 装置流程

传热综合实验装置见图2-4-2。

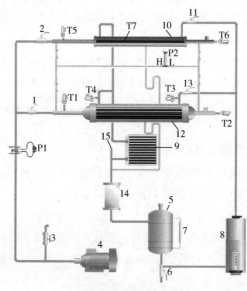

图 2-4-2 传热综合实验装置示意图（见彩插）

1—列管换热器空气进口阀；2—套管换热器空气进口阀；3—空气旁路调节阀；4—旋涡气泵；5—储水罐；6—排水阀；
7—液位计；8—蒸汽发生器；9—散热器；10—套管换热器；11—套管换热器蒸汽进口阀；12—列管换热器；
13—列管换热器蒸汽进口阀；14—玻璃观察段；15—不凝蒸气出口；P1，P2—差压传感器；T1~T7—测温点

2.实验装置控制面板

化工传热综合实验装置控制面板示意图见图2-4-3。

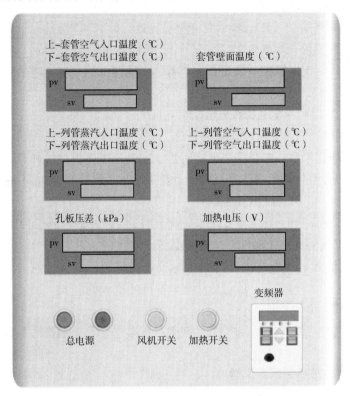

图2-4-3 化工传热综合实验装置控制面板示意图

3.实验装置结构参数

实验装置结构参数见表2-4-1。

表2-4-1 实验装置结构参数

套管换热器实验内管直径/mm		$\phi 22 \times 1$
测量段（紫铜内管、列管内管）长度L/m		1.20
强化传热内插物（螺旋线圈）尺寸	丝径h/mm	1
	节距H/mm	40
套管换热器实验外管直径/mm		$\phi 57 \times 3.5$
列管换热器实验内管直径/mm（根数）		$\phi 19 \times 1.5$（$n=6$）
列管换热器实验外管直径/mm		$\phi 89 \times 3.5$
孔板流量计孔流系数及孔径		$C_0 = 0.65$，$d_o = 0.017$m
旋涡气泵		XGB-12型

实验四 传热实验

五、实验方法和操作步骤

1.实验前的准备及检查工作

（1）向储水罐 5 中加入蒸馏水至液位计上端处。

（2）检查空气旁路调节阀 3 是否全开（应全开）。

（3）检查蒸汽管支路各控制阀是否已打开，保证蒸汽和空气管线的畅通（至少有一个换热器的蒸汽进口阀门全开）。

（4）接通电源总闸，设定加热电压。

2.简单套管实验

（1）准备工作完毕后，打开蒸汽进口阀 11，启动仪表面板加热开关，对蒸汽发生器内液体进行加热。当套管换热器内管壁温度升到接近 100℃并保持 5min 不变时，打开进口阀 2，全开旁路调节阀 3，启动风机开关。

（2）风机启动后，利用旁路调节阀 3 来调节流量，调好某一流量后稳定 5min，分别记录空气的流量、空气的进出口温度以及壁面温度。

（3）改变流量测量下组数据。一般从小流量到最大流量进行测量，要测量 5～6 组数据。

3.强化套管实验

全部打开空气旁路调节阀 3，停风机。把强化丝装进套管换热器内并安装好。实验方法同简单套管实验。

4.列管换热器传热系数测定实验

（1）列管换热器冷流体全流通实验，打开蒸汽进口阀 13，当蒸汽出口温度接近 100℃并保持 5min 不变时，打开阀门 1，全开旁路调节阀 3，启动风机，用旁路调节阀 3 来调节流量，调好某一流量后稳定 3～5min，分别记录空气的流量、空气的进出口温度以及蒸汽的进出口温度。

（2）列管换热器冷流体半流通实验，用准备好的丝堵堵上一半面积的内管，打开蒸汽进口阀 13，当蒸汽出口温度接近 100℃并保持 5min 不变时，打开阀门 1，全开旁路调节阀 3，启动风机，利用旁路调节阀 3 来调节流量，调好某一流量后稳定 3～5min，分别记录空气的流量、空气的进出口温度及蒸汽的进出口温度。

实验结束后，依次关闭加热电源、风机和总电源。一切复原。

六、注意事项

（1）检查蒸汽发生器中的水位是否在正常范围内。特别是每个实验结束后，进行下一实验之前，如果发现水位过低，应及时补给水量。

（2）必须保证蒸汽上升管线的畅通。即在开启加热电压之前，两蒸汽支路阀门之一必须全开。在转换支路时，应先开启需要的支路阀，再关闭另一侧，且开启和关闭阀门必须缓慢，以防止管线截断或蒸汽压力过大突然喷出。

（3）必须保证空气管线的畅通。即在接通风机电源之前，两个空气支路控制阀之一和旁路调节阀必须全开。

（4）调节流量后，应至少稳定 5～8min 再读取实验数据。
（5）实验中保持上升蒸汽量的稳定，不应改变加热电压。

七、报告内容和数据处理

1.报告内容

（1）普通套管和强化套管以 $\dfrac{Nu}{Pr^{0.4}}$-Re 作图，回归得到准数关联式 $Nu = ARe^m Pr^{0.4}$ 中的 A 和 m 值，并计算强化比。

（2）列管换热器冷流体全流通总传热系数 K_1 计算。

（3）列管换热器冷流体半流通总传热系数 K_2 计算。

2.数据记录与结果处理表

数据记录与结果处理表见表 2-4-2～表 2-4-5。

表 2-4-2　实验装置数据记录及整理表（普通套管换热器）

参数	1	2	3	4	5	6
空气流量压差/kPa						
空气入口温度 t_1/℃						
ρ_{t_1}/(kg/m³)						
空气出口温度 t_2/℃						
t_w/℃						
t_m/℃						
ρ_{t_m}/(kg/m³)						
$\lambda_{t_m}\times10^2$/[W/(m·℃)]						
$c_{p_{t_m}}$/[J/(kg·℃)]						
$\mu_{t_m}\times10^5$/(Pa·s)						
t_2-t_1/℃						
Δt_m/℃						
V_{t_1}/(m³/h)						
V_{t_m}/(m³/h)						
u/(m/s)						
Q_c/W						
α_i/[W/(m²·℃)]						
Re						
Nu						
$Nu/(Pr^{0.4})$						

表 2-4-3 实验数据记录及整理表（强化套管换热器）

参数	1	2	3	4	5	6	7
空气流量压差/kPa							
空气入口温度 t_1/℃							
ρ_{t_1}/(kg/m³)							
空气出口温度 t_2/℃							
t_w/℃							
t_m/℃							
ρ_{t_m}/(kg/m³)							
$\lambda_{t_m}\times10^2$/[W/(m·℃)]							
$c_{p_{t_m}}$/[J/(kg·℃)]							
$\mu_{t_m}\times10^5$/(Pa·s)							
t_2-t_1/℃							
Δt_m/℃							
V_{t_1}/(m³/h)							
V_{t_m}/(m³/h)							
u/(m/s)							
Q_c/W							
α/[W/(m²·℃)]							
Re							
Nu							
$Nu/(Pr^{0.4})$							
强化比							

表 2-4-4 列管换热器全流通数据记录表

序号	空气流量压差 Δp/kPa	空气进口温度 t_1/℃	空气出口温度 t_2/℃	蒸汽进口温度 T_1/℃	蒸汽出口温度 T_2/℃	体积流量 V_{t_1}/(m³/h)	换热器体积流量 V_m/(m³/h)	质量流量/(kg/s)	空气进出口温差/℃	传热量 Q/W	总传热系数 K_1/[W/(m²·s)]
1											
2											
3											
4											
5											

续表

序号	空气入口密度 ρ_{t_1} /(kg/m³)	进出口平均温度 t_m /℃	换热器空气平均密度 /(kg/m³)	$\Delta t_2 - \Delta t_1$ /℃	$\ln(\Delta t_2/\Delta t_1)$	Δt_m /℃	$\lambda_{t_m} \times 100$ /[W/(m·s)]	$c_{p_{t_m}}$ /[kJ/(kg·℃)]	$\mu_{t_m} \times 10^5$ /(Pa·s)	换热面积 /m²	u /(m/s)
1											
2											
3											
4											
5											

表 2-4-5 列管换热器半流通数据记录表

序号	空气流量压差 Δp /kPa	空气进口温度 t_1 /℃	空气出口温度 t_2 /℃	蒸汽进口温度 T_1 /℃	蒸汽出口温度 T_2 /℃	体积流量 V_{t_1} /(m³/h)	换热器体积流量 V_m /(m³/h)	质量流量 /(kg/s)	空气进出口温差 /℃	传热量 Q/W	总传热系数 K_2/[W/(m²·s)]
1											
2											
3											
4											
5											
6											

序号	空气入口密度 ρ_{t_1} /(kg/m³)	进出口平均温度 t_m /℃	换热器空气平均密度 /(kg/m³)	$\Delta t_2 - \Delta t_1$ /℃	$\ln(\Delta t_2/\Delta t_1)$	Δt_m /℃	$\lambda_{t_m} \times 100$/[W/(m·s)]	$c_{p_{t_m}}$/[kJ/(kg·℃)]	$\mu_{t_m} \times 10^5$ /(Pa·s)	换热面积/m²	u /(m/s)
1											
2											
3											
4											
5											
6											

3.数据处理结果示意图

数据处理结果示意图见图 2-4-4。

实验四 传热实验

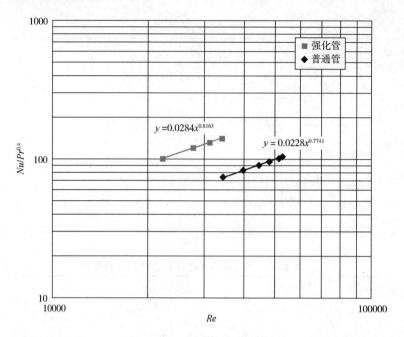

图 2-4-4　实验准数关联图

八、思考题

（1）传热管内壁温度、外壁温度和壁面温度认为近似相等，为什么？

（2）当空气流速增大时，空气离开热交换器时的温度将升高还是降低？为什么？

实验五 填料吸收塔实验

一、实验目的

（1）了解填料吸收塔的结构、性能和特点，练习并掌握填料塔操作方法；通过对实验测定数据的处理分析，加深对填料塔流体力学性能基本理论的理解，加深对填料塔传质性能理论的理解。

（2）掌握填料吸收塔传质能力和传质效率的测定方法，练习实验数据的处理分析。

二、实验内容

（1）测定填料层压强降与操作气速的关系，确定在一定液体喷淋量下的液泛气速。

（2）固定液相流量和入塔混合气二氧化碳的浓度，在液泛速度以下，取两个相差较大的气相流量，分别测量塔的传质能力（传质单元数和回收率）和传质效率（传质单元高度和体积吸收总系数）。

（3）进行纯水吸收混合气体中的二氧化碳、用空气解吸水中二氧化碳的操作练习，同时测定填料塔液侧传质膜系数和总传质系数。

三、实验原理

气体吸收是化工生产过程中重要的单元操作，常用于原料气的净化或者尾气处理。比如工业上，火力发电厂的尾气在排放到大气之前，需要脱除硫化物和氮化物，就是通过吸收操作来完成的。

1. 气体通过填料层的压强降

压强降 Δp 是塔设计中的重要参数，气体通过填料层压强降的大小决定了塔的动力消耗。压强降与气、液流量均有关，不同液体喷淋量下填料层的压强降 Δp 与气速 u 的关系如图 2-5-1 所示。

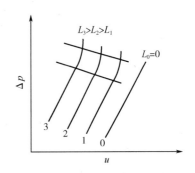

图 2-5-1 填料层的 Δp-u 关系

双对数坐标下，当液体喷淋量 $L_0=0$ 时，干填料的 Δp-u 的关系是直线，如图中的直线 0。当有一定的喷淋量时，Δp-u 的关系变成折线，并存在两个转折点，下转折点称为"载点"，上转折点称为"泛点"。这两个转折点将 Δp-u 关系分为三个区段，即恒持液量区、载液区及液泛区。

2. 填料吸收塔传质性能测定

本实验采用水吸收二氧化碳与空气混合物中的二氧化碳气体，且已知二氧化碳在常温常压下溶解度较小,因此,液相摩尔流率和摩尔密度的比值,即液相体积流率 L 可视为定值,且设总传质系数 K_L 和两相接触比表面积 a,在整个填料层内为一定值,可得填料层高度的计算公式:

$$Z = \frac{L}{K_L a \Omega} \int_{C_{A2}}^{C_{A1}} \frac{dC_A}{C_A^* - C_A} \tag{2-5-1}$$

式中 Z——填料层高度,m;
Ω——塔截面积,m^2;
C_A——液相中 A 组分的平均浓度,$kmol/m^3$;
C_A^*——气相中 A 组分的实际分压所要求的液相平衡浓度,$kmol/m^3$;
$K_L a$——以液相物质的量浓度差表示推动力的总体积传质系数,或简称为液相传质总系数,s^{-1};
L——液相体积流率,m^3/s。

令 $H_{OL} = \dfrac{L}{K_L a \Omega}$,且称 H_{OL} 为液相传质单元高度(HTU),m;

$N_{OL} = \displaystyle\int_{C_{A2}}^{C_{A1}} \dfrac{dC_A}{C_A^* - C_A}$,且称 N_{OL} 为液相传质单元数(NTU)。

因此,填料层高度为传质单元高度与传质单元数之乘积,即

$$Z = H_{OL} \times N_{OL} \tag{2-5-2}$$

若气液平衡关系遵循亨利定律,即平衡曲线为直线,则式(2-5-1)为可用解析法解得填料层高度的计算式,即可采用下列平均推动力法计算填料层的高度或液相传质单元高度:

$$Z = \frac{L}{K_L a \Omega} \times \frac{C_{A1} - C_{A2}}{\Delta C_{Am}} \tag{2-5-3}$$

式中 ΔC_{Am} 为液相平均推动力,即

$$\Delta C_{Am} = \frac{\Delta C_{A1} - \Delta C_{A2}}{\ln \dfrac{\Delta C_{A1}}{\Delta C_{A2}}} = \frac{(C_{A1}^* - C_{A1}) - (C_{A2}^* - C_{A2})}{\ln \dfrac{C_{A1}^* - C_{A1}}{C_{A2}^* - C_{A2}}}$$

其中:$C_{A1}^* = H p_{A1} = H y_1 p_0$,$C_{A2}^* = H p_{A2} = H y_2 p_0$,$p_0$ 为大气压。

二氧化碳的溶解度常数:

$$H = \frac{\rho_w}{M_w} \times \frac{1}{E}$$

式中 ρ_w——水的密度,kg/m^3;
M_w——水的摩尔质量,$kg/kmol$;
E——二氧化碳在水中的亨利系数(见表 2-5-1),Pa。

因本实验采用的物系不仅遵循亨利定律，而且气膜阻力可忽略不计，在此情况下，整个传质过程阻力都集中于液膜，即属液膜控制过程，则液相侧体积传质膜系数等于液相体积传质总系数，即

$$k_l a \approx K_L a = \frac{L}{Z\Omega} \times \frac{C_{A1} - C_{A2}}{\Delta C_{Am}}$$

表 2-5-1　不同温度下二氧化碳在水中的亨利系数（$E \times 10^{-5}$）

温度/℃	0	5	10	15	20	25	30	35	40	45	50	60
CO_2的亨利系数 $E \times 10^{-5}$/kPa	0.738	0.888	1.05	1.24	1.44	1.66	1.88	2.12	2.36	2.60	2.87	3.46

四、实验装置

二氧化碳吸收实验装置流程示意图见图 2-5-2，其型号、参数见表 2-5-2。

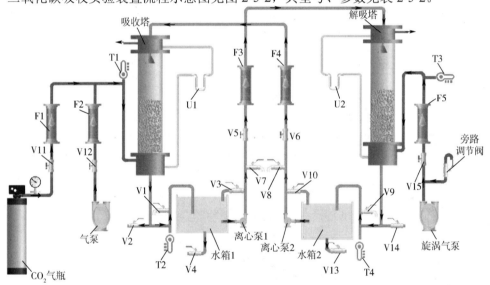

图 2-5-2　二氧化碳吸收与解吸实验装置流程示意图（见彩插）

V1～V15—阀门；F1～F5—流量计；T1～T4—温度计；U1，U2—U形管压差计

表 2-5-2　吸收实验装置主要设备、型号及结构参数

序号	位号	名　称	规格、型号
1		填料吸收塔	⌀85mm×4.5mm、填料层高度1.07m、陶瓷拉西环填料、比表面 $a = 833m^2/m^3$
2		填料解吸塔	⌀85mm×4.5mm、填料层高度1.07m、不锈钢鲍尔环填料、比表面 $a = 833m^2/m^3$
3		水箱1、2	500mm×370mm×580mm

实验五　填料吸收塔实验

续表

序号	位号	名称	规格、型号
4		离心泵1、2	WB50/025
5		气泵	ACO-818
6		旋涡气泵	XGB-12
7	F1	转子流量计	LZB-6；0.06~0.6m^3/h
8	F2	转子流量计	LZB-10；0.25~2.5m^3/h
9	F3、F4	转子流量计	LZB-15；40~400L/h水
10	F5	转子流量计	LZB-40；4~40m^3/h
11	T1	混合气体温度（℃）	Pt100、温度传感器、远传显示
		混合气体温度测量仪表	AI501B数显仪表
12	T2	吸收液体温度（℃）	Pt100、温度传感器、远传显示
		吸收液体温度测量仪表	AI501B数显仪表
13	T3	解吸气体温度（℃）	Pt100、温度传感器、远传显示
		解吸气体温度测量仪表	AI501B数显仪表
14	T4	解吸液体温度（℃）	Pt100、温度传感器、远传显示
		解吸液体温度测量仪表	AI501B数显仪表
15	P1	吸收塔压差（mmH$_2$O）	U形管压差计
16	P2	解吸塔压差（mmH$_2$O）	U形管压差计
17	V1~V15	不锈钢阀门	球阀、针形阀和闸板阀

实验装置仪表面板图见图 2-5-3。

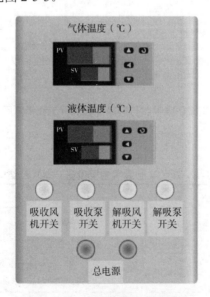

图 2-5-3　实验装置仪表面板图

五、实验方法和操作步骤

1.实验前准备工作

（1）向水箱1和水箱2加入蒸馏水或去离子水至水箱2/3处，接通实验装置电源并按下总电源开关。

（2）准备好10.0mL和20.0mL移液管、100mL的锥形瓶、50.00mL酸式滴定管、洗耳球、0.1mol/L左右的盐酸标准溶液、0.1mol/L左右的$Ba(OH)_2$标准溶液和甲酚红等化学分析仪器和试剂备用。

（3）检查二氧化碳气瓶与设备上二氧化碳流量计连接是否密闭。

2.测量解吸塔干填料层$(\Delta p/Z)$-u关系曲线

（1）打开空气旁路调节阀至全开，启动旋涡气泵。

（2）打开空气流量计F5下的阀门V15，先利用V15调节空气流量，待阀门V15全开仍旧无法满足实验气量时，可以调节旁路调节阀的开度，辅助增大空气流量。

（3）调节好进塔的空气流量并稳定后，读取解吸塔填料层压降Δp（即U形管液柱压差计的数值）和记录空气流量，然后改变下一个空气流量。

（4）空气流量从小到大共测定6~10组数据后，全开旁路调节阀门，关闭阀门V15，停泵。

（5）在对实验数据进行分析处理后，在对数坐标纸上以空塔气速u为横坐标，单位高度的压降（$\Delta p/Z$）为纵坐标，标绘干填料层($\Delta p/Z$)-u关系曲线。

3.解吸塔在不同喷淋量下填料层$(\Delta p/Z)$-u关系曲线测定实验

（1）分别启动离心泵1和离心泵2将流量计F3和流量计F4的水流量固定在140L/h左右（水流量大小可因设备调整）。

（2）采用与干塔相同步骤调节空气流量，在液相流量不变的情况下，每调节一个空气流量稳定后，分别读取并记录填料层压降Δp、转子流量计读数和流量计处所显示的空气温度，注意观察和记录塔内现象。

（3）操作中一旦出现液泛，立即记下对应空气转子流量计读数、填料层压降Δp，然后尽快将空气流量调低，防止塔体填料层上端积液过多溢出。

（4）根据实验数据在对数坐标纸上标出液体喷淋量为140L/h时的($\Delta p/Z$)-u关系曲线（见图2-5-4），并在图上确定液泛气速，与观察到的液泛气速相比较是否吻合。

4.二氧化碳吸收传质系数测定

（1）关闭设备所有阀门，分别启动离心泵1和离心泵2后，全开泵循环阀V3和V10。

（2）利用阀门V5和V6，分别调节吸收液转子流量计F4和解吸液转子流量计F3，流量调节到100L/h左右。

（3）待有水从吸收塔顶喷淋而下，从吸收塔底的π形管尾部流出后，启动气泵，调节转子流量计F2到指定流量，同时打开二氧化碳气瓶调节减压阀，调节二氧化碳转子流量计F1，二氧化碳与空气按体积流量的比例在10%~20%计算出二氧化碳的空气流量。启动旋涡气泵调节流量到5m^3/h。

（4）吸收进行15min操作达到稳定状态之后，测量塔底吸收液的温度，同时在塔顶和塔底取液相样品并测定吸收塔顶、塔底溶液中二氧化碳的含量。

(5) 溶液二氧化碳含量测定：用移液管吸取 0.1mol/L 左右的 Ba(OH)$_2$ 标准溶液 10mL，放入锥形瓶中，并从取样口处接收塔底溶液 $V_{溶液}$ = 20mL，用胶塞塞好振荡。溶液中加入 2~3 滴甲酚红（或酚酞）指示剂摇匀，用 0.1mol/L 左右的盐酸标准溶液滴定到粉红色消失即为终点，记录盐酸体积用量。

按下式计算得出溶液中二氧化碳浓度：

$$C_{CO_2} = \frac{2C_{Ba(OH)_2}V_{Ba(OH)_2} - C_{HCl}V_{HCl}}{2V_{溶液}} \quad (mol/L)$$

(6) 改变液体流量重复上述步骤继续实验。

5.停止实验

数据记录好后，先关闭二氧化碳气瓶的总阀，打开空气旁路调节阀，空气转子流量计 F2、F5 调零后关闭气泵和旋涡气泵，液体流量再喷淋 3~5min 后关闭离心泵 1 和离心泵 2。关闭总电源，一切复原。

六、注意事项

(1) 开启 CO_2 气瓶总阀门前，要先关闭减压阀，全开设备上 CO_2 流量计阀门。
(2) 实验中要注意保持 CO_2 流量稳定。
(3) 实验中要注意保持吸收塔水流量计 F4 和解吸塔水流量计 F3 数值一致，并随时关注水箱中的液位。两个流量计要及时调节，以保证实验时操作条件不变。
(4) 分析 CO_2 浓度操作时动作要迅速，以免 CO_2 从液体中溢出导致结果不准确。

七、报告内容和数据处理

1.报告内容

(1) 作出塔压降 $\Delta p/Z$ 与空塔气速 u 的关系图，确定液泛速度。
(2) 整理实验数据，并以其中一组为例写出计算过程。
(3) 计算以 ΔC_A 为推动力的总体积吸收系数 $K_L a$ 的值。

2.数据记录与处理结果表

数据记录与处理结果表见表2-5-3~表2-5-5。

表 2-5-3 填料塔流体力学性能测定（干填料）

L = 0L/h　　填料层高度 Z = 1.07m　　塔径 D = 0.076m

序号	填料层压强降 /mmH$_2$O	单位高度填料层压强降 /(mmH$_2$O/m)	空气转子流量计读数 /(m^3/h)	空塔气速 /(m/s)
1				
2				
3				
...				
8				

表 2-5-4　填料塔流体力学性能测定（湿填料）

$L = 140$L/h　　填料层高度 $Z = 1.07$m　　塔径 $D = 0.076$m

序号	填层压强降 /mmH$_2$O	单位高度填料层压强降 /(mmH$_2$O/m)	空气转子流量计读数 /(m^3/h)	空塔气速 /(m/s)	操作现象
1					
2					
3					
…					
10					

表 2-5-5　填料吸收塔传质实验数据表

名称		实验数据
填料塔参数	填料种类	陶瓷拉西环
	填料层高度/m	1.07
	填料塔直径/m	0.076
CO$_2$流量测定	CO$_2$转子流量计读数 $V_{转}$/(m^3/h)	
	填料塔气体转子流量计处温度 t_1/℃	
	CO$_2$密度 ρ_{CO_2}/(kg/m^3)	
	CO$_2$的实际体积流量 $V_{CO_2实}$/(m^3/h)	
空气流量测定	空气转子流量计读数 $V_{转}$/(m^3/h)	
	空气密度 ρ_{Air, t_1}/(kg/m^3)	
	空气实际流量 $V_{Air实}$/(m^3/h)	
	空气流量 V_{Air}/(kmol/h)	
水流量测定	水转子流量计读数 L/(L/h)	
	水转子流量 L_{H_2O}/(kmol/h)	
浓度测定	中和 CO$_2$ 用 Ba(OH)$_2$ 的浓度 $C_{Ba(OH)_2}$/(mol/L)	
	中和 CO$_2$ 用 Ba(OH)$_2$ 的体积 $V_{Ba(OH)_2}$/mL	
	滴定用盐酸的浓度 C_{HCl}/(mol/L)	
	滴定塔底吸收液用盐酸的体积 V_{HCl}/mL	
	样品的体积 $V_{溶液}$/mL	
	塔底液相浓度 C_{A1}/(kmol/m^3)	
	X_1	
	滴定塔顶吸收液用盐酸的体积/mL	
	塔顶液相浓度 C_{A2}/(kmol/m^3)	
	X_2	

续表

名称		实验数据
计算数据	吸收塔塔底液相的温度t_2/℃	
	亨利系数$E \times 10^{-8}$/Pa	
	CO_2溶解度常数$H \times 10^7$/[kmol/(m³·Pa)]	
	Y_1	
	y_1	
	平衡浓度C_{A1}^*/(kmol/m³)	
	Y_2	
	y_2	
	平衡浓度C_{A2}^*/(kmol/m³)	
	$C_{A1}^* - C_{A1}$/(kmol/m³)	
	$C_{A2}^* - C_{A2}$/(kmol/m³)	
	平均推动力ΔC_{Am}/(kmol/m³)	
	液相体积传质系数$K_L a$/s^{-1}	
	吸收率/%	

注：大气压力p_0=1.01325Pa。

3.数据处理结果示意图

数据处理结果示意图见图2-5-4。

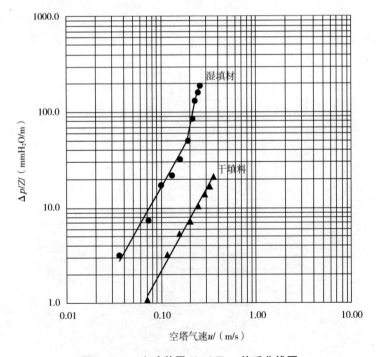

图2-5-4 实验装置$(\Delta p / Z)$-u关系曲线图

八、思考题

（1）测定填料塔的曲线有何意义？

（2）综合实验数据分析，水吸收二氧化碳属于气膜控制还是液膜控制？

（3）气体温度与吸收剂温度不同时，应按哪个温度计算相平衡常数？

（4）当进气浓度不变时，欲提高溶液出口浓度，可采取哪些措施？

实验六 A　精馏实验

一、实验目的

（1）了解板式精馏塔的结构和操作。
（2）学习精馏塔性能参数的测量方法，并掌握其影响因素。

二、实验内容

（1）测定精馏塔在全回流条件下，稳定操作后的全塔理论塔板数和总板效率。
（2）测定精馏塔在部分回流条件下，稳定操作后的全塔理论塔板数和总板效率。

三、实验原理

对于二元物系，如已知其气液平衡数据，则根据精馏塔的原料液组成、进料热状况、操作回流比及塔顶馏出液组成、塔底釜液组成可以求出该塔的理论板数 N_T，按照下式可以得到总板效率 E_T，其中 N_P 为实际塔板数。

$$E_T = \frac{N_T - 1}{N_P} \times 100\%$$

上式分子中减 1 的原因是塔釜相当于一个理论级。

单板效率 E_{mL}，反映单独的一块板上传质的效率，是评价塔板性能的重要数据。

$$E_{mL} = \frac{x_{n-1} - x_n}{x_{n-1} - x_n^*}$$

式中　E_{mL}——以液相浓度表示的单板效率；
　　x_n、x_{n-1}——第 n 块板和第 $n-1$ 块板液相浓度；
　　x_n^*——与离开第 n 块板的气体相平衡的液相浓度。

部分回流时，进料热状况参数 q 的计算式为：

$$q = \frac{c_{pm}(t_B - t_F) + r_m}{r_m}$$

式中　t_F——进料温度，℃；
　　t_B——进料的泡点温度，℃；
　　c_{pm}——进料液体在平均温度（t_F+t_B）/2 下的比热容，kJ/（kmol·℃）；
　　r_m——进料液体在其组成和泡点温度下的汽化潜热，kJ/kmol。

$$c_{pm} = c_{p1}M_1x_1 + c_{p2}M_2x_2 \qquad \text{kJ/(kmol·℃)}$$

$$r_m = r_1M_1x_1 + r_2M_2x_2 \qquad \text{kJ/kmol}$$

式中 c_{p1}、c_{p2}——纯组分 1 和组分 2 在平均温度下的比热容，kJ/(kg·℃)；

r_1、r_2——纯组分 1 和组分 2 在泡点温度下的汽化潜热，kJ/kg；

M_1、M_2——纯组分 1 和组分 2 的摩尔质量，kg/kmol；

x_1、x_2——纯组分 1 和组分 2 在进料中的摩尔分数。

四、实验装置（2018年版）

1.实验装置流程图

精馏实验装置流程图见图 2-6-1A。

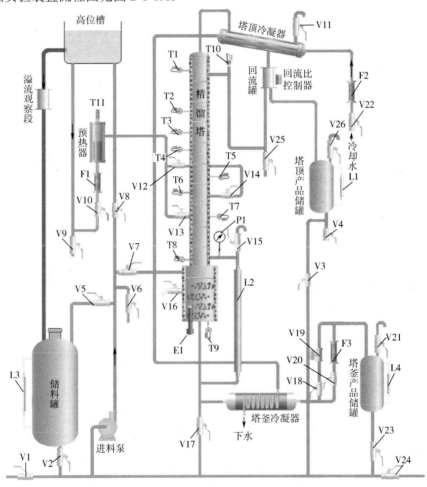

图 2-6-1A　精馏实验装置流程图（见彩插）

T1～T11—温度计；L1～L4—液位计；F1～F3—流量计；E1—加热器；P1—塔釜压力计；V1, V3, V24—排空阀；V2, V4, V17, V23—出料阀；V5—循环阀；V6, V9, V16, V25—取样阀；V7—直接进料阀；V8—间接进料阀；V10, V20, V22—流量计调节阀；V11, V15—排气阀；V12, V13, V14—塔体进料阀；V18—旁路阀；V19—电磁阀；V21, V26—罐放空阀

2.实验设备主要技术参数

精馏塔实验装置结构参数见表 2-6-1A。

表 2-6-1A 精馏实验装置主要设备、型号及结构参数

序号	位号	名称	规格、型号
1		筛板精馏塔	9块塔板、塔内径$d = 50$mm、板间距120mm
2		原料罐	$\phi = 300$mm×2mm、高400mm
3		高位槽	200mm×100mm×200mm
4		玻璃回流罐	$\phi 60$mm×2mm、高100mm
5		玻璃塔顶产品采出罐	$\phi 150$mm×5mm、高260mm
6		玻璃塔釜残液罐	$\phi 150$mm×5mm、高260mm
7		玻璃观测罐	$\phi 60$mm×2mm、高100mm
8		进料泵	不锈钢离心泵
9		玻璃进料预热器	$\phi 80$mm×5mm、长100mm、电加热最大功率250W
10		塔顶冷凝器	$\phi 89$mm×2mm、长600mm
11		塔釜冷却器	$\phi 76$mm×2mm、长200mm
12		再沸器	$\phi 140$mm×2mm、高400mm、电加热最大功率2.5kW
13	T1	塔顶温度	Pt100、温度传感器、远传显示
14	T2	第3块板温度	Pt100、温度传感器、远传显示
15	T3	第4块板温度	Pt100、温度传感器、远传显示
16	T4	第5块板温度	Pt100、温度传感器、远传显示
17	T5	第6块板温度	Pt100、温度传感器、远传显示
18	T6	第7块板温度	Pt100、温度传感器、远传显示
19	T7	第8块板温度	Pt100、温度传感器、远传显示
20	T8	塔釜气相温度	Pt100、温度传感器、远传显示
21	T9	塔釜液相温度	Pt100、温度传感器、远传显示
22	T10	回流液温度	Pt100、温度传感器、远传显示
23	T11	进料预热器温度	Pt100、温度传感器、远传显示和控制
24		T1~T6测量仪表	AI706多路显示仪表
25		T7~T10测量仪表	AI704多路显示仪表
26		进料温度T11测量、控制仪表	AI519数显控制仪表
27	P1	塔釜压力	0~6kPa、就地显示
28	L1	塔顶产品采出罐液位	玻璃管液位计（mm）、就地显示
29	L2	再沸器液位	玻璃管液位计（mm）、就地显示
30	L3	原料罐液位	玻璃管液位计（mm）、就地显示
31	L4	塔釜残液罐液位	磁翻转液位计量程0~580mm、远传显示和控制
32		再沸器液位测量控制仪表	AI501数显仪表
33	F1	进料流量	LZB-4（1~10L/h）、就地显示

续表

序号	位号	名称	规格、型号
34	F2	冷却水流量	LZB-10（16~160L/h）、就地显示
35	F3	釜残液出料流量	LZB-4（1~10L/h）、就地显示
36		摆锤回流比	回流比范围 1~99
37	H301	数显回流比控制器	AI501W1数显控制仪表
38		塔釜加热电压	量程0~220V、远传显示和控制
39	E1	塔釜加热电压测量及控制仪表	AI519数显控制仪表
40	V1~V26	不锈钢阀门	球阀、针形阀和闸板阀

3.实验仪器及试剂

（1）实验物系：乙醇-正丙醇，15%~25%（乙醇质量分数）。

（2）实验物系纯度要求：化学纯或分析纯。

（3）实验物系平衡关系见表2-6-2A。

表2-6-2A 乙醇-正丙醇 t-x-y 关系（以乙醇摩尔分数表示，x代表液相，y代表气相）

参数	t/℃										
	97.6	93.85	92.66	91.60	88.32	86.25	84.98	84.13	83.06	80.50	78.38
x	0	0.126	0.188	0.210	0.358	0.461	0.546	0.600	0.663	0.884	1.0
y	0	0.240	0.318	0.349	0.550	0.650	0.711	0.760	0.799	0.914	1.0

（4）浓度分析要求：

① 建议用气相色谱分析，相关参数如下：

柱型：ϕ3mm×3m；填料：Porapak Q/60~80目筛；最高使用温度：220℃；老化温度：200~210℃。

气相色谱工作条件：载气为氢气，检测器是热导池，柱温130℃，柱前压力0.1MPa（柱温下），检测器温度150℃，进样器温度150℃，工作电流80mA，进样量1μL；处理方法是峰面积校正归一化法定量得质量浓度；各组分出峰时间为：水0.4~0.5min，乙醇1.3~1.8min，正丙醇约4min。

② 浓度分析也可使用阿贝折射仪，使用方法件见附录二。折射率与溶液浓度的关系见表2-6-3A。

表2-6-3A 温度-折射率-液相组成之间的关系

温度 \ 折射率 \ 组成	0	0.05052	0.09985	0.1974	0.2950	0.3977	0.4970	0.5990	0.6445	0.7101	0.7983	0.8442	0.9064	0.9509	1.000
25℃	1.3827	1.3815	1.3797	1.3770	1.3750	1.3730	1.3705	1.3680	1.3607	1.3658	1.3640	1.3628	1.3618	1.3606	1.3589
30℃	1.3809	1.3796	1.3784	1.3759	1.3755	1.3712	1.3690	1.3668	1.3657	1.3640	1.3620	1.3607	1.3593	1.3584	1.3574
35℃	1.3790	1.3775	1.3762	1.3740	1.3719	1.3692	1.3670	1.3650	1.3634	1.3620	1.3600	1.3590	1.3573	1.3653	1.3551

30℃下质量分数与阿贝折射仪读数之间的关系也可按下列回归式计算：

$$w = 58.844116 - 42.61325 \times n_D$$

式中　w——乙醇的质量分数；

n_D——折射仪读数（折射率）。

通过质量分数求出摩尔分数（x_A），乙醇分子量 $M_A = 46$，正丙醇分子量 $M_B = 60$。公式如下：

$$x_A = \frac{(w_A/M_A)}{(w_A/M_A)+(1-w_A)/M_B}$$

4.实验设备仪表面板图（2018年版）

精馏设备仪表面板图见图2-6-2A。

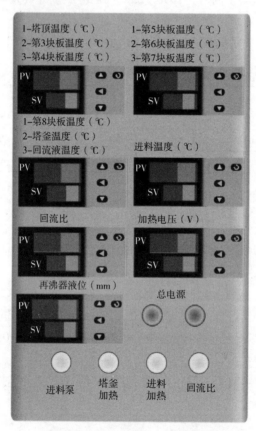

图 2-6-2A　精馏设备仪表面板图

五、实验方法和操作步骤

1.实验前检查准备工作

（1）将与阿贝折射仪配套使用的超级恒温水浴调整运行到所需的温度，并记录这个温度。将取样用注射器和镜头纸备好。

（2）检查实验装置上的各个旋塞、阀门均应处于关闭状态。

（3）配制一定浓度（质量浓度 20%左右）的乙醇-正丙醇混合液（总容量 15L 左右），倒入储料罐。

（4）打开直接进料阀门 V7 和进料泵开关，全开塔釜排气阀 V15，向精馏釜内加料到指定高度（冷液面在塔釜总高 2/3 处，大于 33cm），而后关闭进料阀门 V7 和进料泵，关闭排气阀门 V15。

2.实验操作

（1）全回流操作

① 打开塔顶冷凝器进水阀门 V22，保证冷却水足量（60～80L/h 即可）。

② 调节加热电压约为 130V，启动塔釜加热开关，开始加热。

③ 待塔板上建立液层后再适当加大电压（加大多少视实际情况而定），使塔板上气泡的高度不超过板间距的一半，同时不低于 1cm，维持正常操作。

④ 当各块塔板上鼓泡均匀后，保持加热釜电压不变，在全回流情况下稳定 20min 左右。其间要随时观察塔内传质情况直至操作稳定。然后分别在塔顶、塔釜取样口，用取样筒同时取样 1mL 以上进行浓度分析。

（2）部分回流操作

① 待全回流测量完毕后，准备开始部分回流实验。

② 启动进料泵，打开间接进料阀门 V8，选择好塔体进料位置，并打开阀门 V13（V12 或 V14），利用阀门 V10 调节转子流量计，以 3.0～4.0L/h 的流量向塔内加料。

③ 用回流比控制调节器调节回流比为 $R=4$，全开塔顶产品储罐放空阀门 V26，塔顶馏出液收集在塔顶产品储罐中。同时打开塔釜产品储罐放空阀 V21，塔釜馏出液控制在 2L/h 左右，以便维持塔釜的液位保持不变。塔釜产品经冷却后流出，收集在塔釜产品储罐内。

④ 待操作稳定后，观察塔板上传质状况，记下加热电压、塔顶温度等有关数据，整个操作中维持进料流量计读数不变，分别在塔顶、塔釜和进料处三处取样，用气相色谱分析或者折射仪测定其浓度并记录下进塔原料液的温度。

（3）实验结束

① 测取完实验数据并检查无误后可停止实验，此时关闭进料阀门和加热开关，关闭回流比调节器开关。

② 停止加热后 10min 再关闭冷却水，一切复原。

③ 根据物系的 t-x-y 关系，确定部分回流条件下进料的泡点温度，并进行数据处理。

六、注意事项

（1）由于实验所用物系属易燃物品，所以实验中要特别注意安全，操作过程中避免洒落以免发生危险。

（2）实验结束后，要将分离出来的塔顶产品和塔釜产品回收至储料罐，以备下次实验使用。这样既可避免化学品污染环境，又能提高资源利用效率。

（3）本实验设备加热功率由仪表自动调节，注意控制加热缓慢升温，以免发生暴沸（过冷沸腾）使釜液从塔顶冲出。若出现此现象应立即断电，重新操作。升温和正常操作过程中釜的电功率不能过大。

（4）开车时要先接通冷却水再向塔釜供热，停车时操作反之。

（5）用阿贝折射仪检测浓度。读取折射率时，一定要同时记录测量温度并按给定的折射率-质量浓度-测量温度关系（见表2-6-3A）测定相关数据。

（6）为便于对全回流和部分回流的实验结果（塔顶产品质量）进行比较，应尽量使两组实验的加热电压及所用料液浓度相同或相近。连续开出实验时，应将前一次实验时留存在塔釜、塔顶、塔底产品接收器内的料液倒回原料液储罐中循环使用。

（7）塔釜加热控制要求塔釜中料液的液位大于30cm才可以启动，以防止干烧加热丝；塔釜液位过高时，排除釜液的电磁阀会自动启动，以防止淹塔。

（8）实验操作过程中，塔釜排空阀V15应保持关闭状态，塔顶和塔底产品储罐的排空阀V26和V21都保持打开状态。

七、报告内容和数据处理

1.报告内容

（1）用图解法求全回流条件下理论板数并计算总板效率。

（2）用图解法求部分回流条件下的理论板数并计算总板效率。

2.数据记录与结果处理表

数据记录与结果处理表见表2-6-4A。

表2-6-4A　精馏实验原始数据及处理结果

实际塔板数：		实验物系：		折射仪分析温度：_____℃	
		全回流：$R=$		部分回流：$R=$ 进料温度：　　℃	进料量：　　L/h
	塔顶组成	塔釜组成	塔顶组成	塔釜组成	进料组成
折射率n_D					
摩尔分数x					

3.数据处理结果示意图

数据处理结果示意图见图2-6-3A和图2-6-4A。

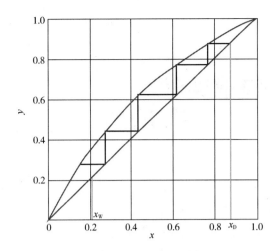 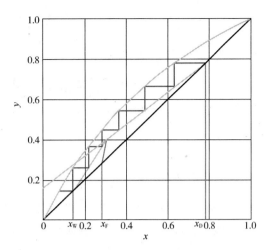

图 2-6-3A　全回流平衡线和操作线图　　　　图 2-6-4A　部分回流平衡线和操作线图

八、思考题

（1）在精馏操作过程中，回流温度发生波动，对操作会产生什么影响？
（2）在板式塔中，气体、液体在塔内流动时可能会出现几种操作现象？
（3）如何判断精馏塔内的操作是否正常？
（4）如何判断精馏塔内的操作是否处于稳定状态？

实验六 B　精馏实验

一、实验目的

（1）熟悉板式精馏塔的结构、流程及各部件的结构作用。
（2）了解精馏塔的正确操作，学会进行各种不正常情况下的调节。
（3）用作图法和逐板计算法确定精馏塔部分回流时的理论板数，并计算出全塔效率。
（4）测出全塔温度分布，确定灵敏板位置。

二、实验内容

（1）测定精馏塔在全回流条件下，稳定操作后的全塔理论塔板数和总板效率。
（2）测定精馏塔在部分回流条件下，稳定操作后的全塔理论塔板数和总板效率。

三、实验原理

精馏技术原理是利用液体混合物中各组分的挥发度不同而达到分离目的。此项技术现已广泛应用于石油、化工、食品加工及其他领域。其主要目的是将混合液进行分离，根据料液分离的难易、分离的纯度，此项技术又可分为一般蒸馏、普通精馏及特殊精馏等。本实验是属于针对乙醇-水系统做普通精馏验证性实验。

根据纯验证性（非开发型）实验要求，本实验只在全回流和某一回流比下的部分回流两种情况下进行。

1.乙醇-水系统平衡数据

乙醇-水系统平衡数据见表 2-6-1B，基于平衡数据绘制的相图见图 2-6-1B，从图中可以得出以下结论：

（1）普通精馏塔塔顶组成 $x_D<0.894$，若要得到高纯度乙醇需采用其他特殊精馏方法；
（2）该物系为非理想体系，平衡曲线不能用 $y=f(\alpha,x)$ 来描述，只能用实测的平衡数据。

表 2-6-1B　乙醇-水系统平衡数据（摩尔分数）

序号	1	2	3	4	5	6	7	8	9	10	11	12	13	14	15	16
$t/℃$	100	95.5	89	86.7	85.3	84.1	82.7	82.3	81.5	80.7	79.8	79.7	79.3	78.74	78.41	78.15
x	0	1.9	7.21	9.66	12.38	16.61	23.37	26.08	32.73	39.65	50.79	51.98	57.32	67.63	74.72	89.43
y	0	17	38.91	43.75	47.04	50.89	54.45	55.8	58.26	61.22	65.64	65.99	68.41	73.85	78.15	89.43

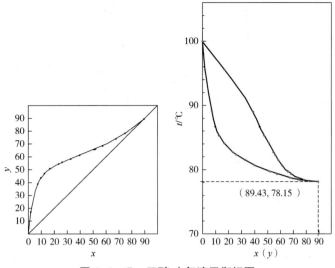

图 2-6-1B 乙醇-水气液平衡相图

乙醇水系统属于非理想溶液，具有较大正偏差。最低恒沸点为 78.15℃，恒沸组成为 0.894（摩尔分数）

2.全回流操作

特征：①塔与外界无物料流交换（不进料，无产品）；②操作线 $y=x$（每板间上升的气相组成＝下降的液相组成）；③x_D-x_W 最大化（即理论板数最小化）。

在实际工业生产中全回流操作通常应用于设备的开、停车阶段，使系统运行尽快达到稳定。

3.部分回流操作

可以测出以下数据：

温度（℃）：t_D、t_F、t_W；组成（摩尔分数）：x_D、x_F、x_W；流量（L/h）：F、D、L（塔顶回流量）；回流比 R：$R=L/D$。

精馏段操作线：

$$y=\frac{R}{R+1}x+\frac{x_D}{R+1}$$

进料热状况 q：根据 x_F，在 t-x（y）相图中可分别查出露点温度 t_v 和泡点温度 t_b。

$$q=\frac{I_V-I_F}{I_V-I_L}=\frac{1\text{kmol 进料变成饱和蒸气所需的热量}}{\text{进料的摩尔汽化热}}$$

I_V 为在 x_F 组成、露点 t_v 下，饱和蒸气的焓。

$$I_V=x_F I_A+(1-x_F)I_B=x_F[c_{pA}(t_v-0)+r_A]+(1-x_F)[c_{pB}(t_v-0)+r_B]$$

式中　c_{pA}、c_{pB}——乙醇和水在定性温度 $t=(t_v+0)/2$ 下的比热容，kJ/（kmol·K）；

　　　r_A、r_B——乙醇和水在露点温度 t_v 下的汽化潜热，kJ/kmol。

I_L 为在 x_F 组成、泡点 t_b 下，饱和液体的焓。

$$I_L=x_F I_A+(1-x_F)I_B=x_F[c_{pA}(t_b-0)]+(1-x_F)[c_{pB}(t_b-0)]$$

式中　c_{pA}、c_{pB}——乙醇和水在定性温度 $t=(t_b+0)/2$ 下的比热容，kJ/（kmol·K）。

I_F 为在 x_F 组成、实际进料温度 t_F 下，原料实际的焓。

实验的进料是常温下（冷液）进料，$t_F<t_b$。

$$I_F = x_F I_A + (1-x_F)I_B = x_F[c_{pA}(t_F-0)] + (1-x_F)[c_{pB}(t_F-0)]$$

式中　c_{pA}、c_{pB}——乙醇和水在定性温度 $t=(t_F+0)/2$ 下的比热容，kJ/(kmol·K)。

q 线方程：

$$y_q = \frac{q}{q-1}x_q - \frac{x_F}{q-1}$$

d 点坐标：根据精馏段操作线方程和 q 线方程可解得其交点坐标 (x_d, y_d)（图 2-6-2B）。

提馏段操作线方程：

根据 (x_w, y_w) (x_d, y_d) 两点坐标，利用两点式可求得提馏段操作线方程。

根据以上计算结果，作出相图，采用作图法或逐板计算法可求算出部分回流下的理论板数 $N_{理论}$，见图 2-6-2B。

从而求得部分回流下的全塔效率 E_T：

$$E_T = \frac{N_{理论}-1}{N_{实际}} \times 100\%$$

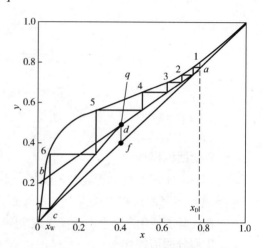

图 2-6-2B　乙醇-水体系部分回流梯级图

4.组成分析

分别用酒度计测出塔顶产品、塔釜残液及进料液在一定温度 t 下的酒精度数（简称酒度）V，可根据下式折算成 20℃下的标准酒度 V_{20}：

$V_{20} = At^2 + Bt + C$

$A = -1.586 \times 10^{-10} V^4 + 4.545 \times 10^{-8} V^3 - 5.218 \times 10^{-6} V^2 + 2.546 \times 10^{-4} V - 4.482 \times 10^{-3}$

$B = 1.027 \times 10^{-8} V^4 + 3.516 \times 10^{-6} V^3 + 5.035 \times 10^{-4} V^2 - 2.780 \times 10^{-2} V - 1.205 \times 10^{-1}$

$C = -2.659 \times 10^{-3} V^2 + 1.285V + 0.3685$

说明：

（1）样品温度在 16~50℃，样品酒度在 2%~99%（体积分数）之间；本实验条件下均满足。

（2）上式计算误差≤1%。

（3）也可直接采用提供的酒度对照表查取 20℃的酒度。

根据标准酒度 V_{20}，用下式计算出对应的摩尔分数 x：

$$x = \frac{\dfrac{V_{20}\rho_{A20}}{M_A}}{\dfrac{V_{20}\rho_{A20}}{M_A} + \dfrac{(100-V_{20})\rho_{B20}}{M_B}} = \frac{\dfrac{V_{20}\times 789.0}{46.07}}{\dfrac{V_{20}\times 789.0}{46.07} + \dfrac{(100-V_{20})\times 998.2}{18.02}} = \frac{17.126 V_{20}}{5539.4 - 38.268 V_{20}}$$

四、实验装置（2012年版）

1. 实验装置及流程示意图

筛板精馏塔实验装置及流程示意图见图 2-6-3B。

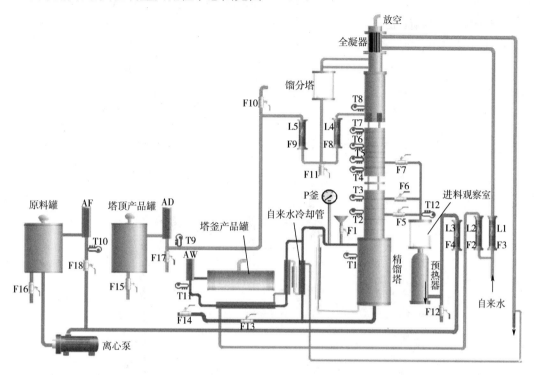

图 2-6-3B　筛板精馏塔实验装置及流程示意图（见彩插）

AF—原料取样口；AD—塔顶产品样口；AW—塔釜产品取样口；F1—塔釜加料阀门；F2—塔釜冷却器水进入阀门；
F3—塔顶全凝器冷却水进入阀门；F4—原料泵出口至预热器流量调节阀；F5—最低进料阀；F6—中部进料阀；
F7—最上部进料阀；F8—回流液调节阀；F9—塔顶产品采出阀；F10—排空阀；F11—塔顶产品取样阀；
F12—预热器及进料管道放净阀；F13，F14—塔釜放净阀；F15—塔顶产品罐放净阀；F16—原料罐放净阀；
F17—塔顶产品取样阀；F18—原料泵出口回流阀；L1—塔顶全凝器冷却水流量计；
L2—旁路流量计；L3—预热器进料流量计；L4—回流液流量计；L5—塔顶采出液流量计
塔内测温点分布（自下到上）：T1—塔釜；T2—第 2 块板上；T3—加料板第 4 块板上；T4—第 7 块板上（灵敏板）；
T5—第 9 块板上；T6—第 11 块板上；T7—第 13 块板上；T8—塔顶第 15 块板上

图 2-6-3B 是实验装置示意图，精馏塔内三个玻璃视盅的位置分别设在第 5～6 块板之间、第 6～7 块板之间和第 14～15 块板之间。实验体系：乙醇-水溶液。进料状态：常温。

2. 设备结构参数

塔内径 $D = 68mm$，塔总高 $H = 3000mm$，塔内采用筛板及弓形降液管，共有 15 块板，一般用下进料口进料，提馏段为 4 块板，精馏段为 11 块板。板间距 $H_T = 70mm$，板上孔径 $d = 3mm$，筛孔数 $N = 50$ 个，开孔率 9.73%。塔顶为列管式冷凝器，冷却水走管外，蒸气在管内冷凝。回流比由回流转子流量计数值与产品转子流量计数值决定。料液由泵从原料罐中经转子流量计计量后加入塔内。

3.仪表参数

回流流量计量程 10～100mL/min，产品流量计量程 2.5～25mL/min，进料流量计量程 16～160mL/min，冷却水 25～250L/h，总加热功率为 2×3＝6kW（1 组可调），压力表 0～10kPa。操作范围：$p_{釜}$＝1.5～3.0kPa；$t_{灵}$＝77～83℃；$t_{顶}$＝75～78℃；$t_{釜}$＝97～99℃。

4.精馏实验控制面板

精馏实验控制面板见图 2-6-4B。

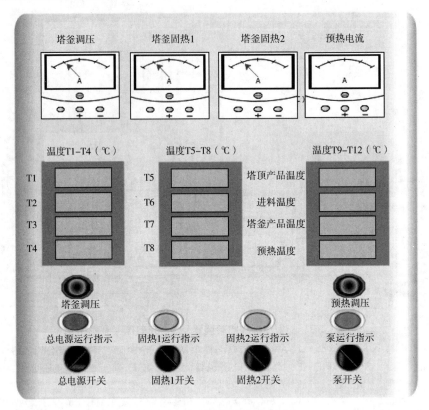

图 2-6-4B　精馏实验控制面板

五、实验操作步骤

F13 和 F14 都是塔釜放净阀，平时 F13 和 F14 是关闭的，只有塔釜或塔釜料液罐需要放净时才打开。同理，F11、F15、F16 均是放净阀。

1.开车

（1）一般是在塔釜先加入 7%～8%（体积分数）的乙醇水溶液（当然，一开始加纯水也可以，只不过稳定时间更长），釜液位与塔釜出料口持平。加料一定要足量，否则电加热器容易烧坏。

（2）开启两组固定加热电源，再将可调加热调到最大，提高加热速度；待塔底有蒸气时，可关闭一组固定加热，并将可调加热调到适当值，以维持塔釜压力在 1500～3000Pa 之间（具体固定加热和可调加热由用户自定）。

（3）打开塔顶冷凝器进水阀 F3，流量不低于 80L/h，打开塔釜出液冷却水阀 F2，流量不低于 80L/h。这两个阀门因共用一进水口，流量互有影响。

（4）关闭出料控制阀 F9，开足回流控制阀 F8，使塔在全回流状态下操作。

（5）配好进料液，即 20%～40%（体积分数，下同）的乙醇水溶液，分析出实际浓度，加入进料罐（说明：不同的浓度范围对应不同的加料板位置，若浓度在 10%～20%，则用最下进料管，在 20%～30%，用中间进料管，在 30%～40%，用最上进料管。对于纯验证性实验，一般配料在 23%～26%比较合适）。

2.进料稳定阶段

（1）当塔顶有回流后，调小可调加热电压。电压的调节必须满足维持塔釜压力在 1.5～3.5kPa 之间。

（2）打开加料泵，根据进料组成开启某一进料管，以进料浓度 23%～26%为例，开启中间进料管进料阀 F6，调节进料流量阀 F4，将加料流量计开至 110～140mL/min。

（3）微微调大加热电压，基本上使精馏段保持原来的釜压。

（4）等待灵敏板温度（第 4 或第 5 测温点）维持在 80～82℃之间不变后操作才算稳定。此阶段只是为部分回流做准备，也可确定塔釜合适的加热电压。

3.部分回流

（1）开启塔顶产品流量阀 F9 控制塔顶产品在 10～20mL/min。回流阀 F8 不变，而回流流量则随产品阀 F9 的开启而变化，调节 F9 到合适的塔顶回流比，一般情况下回流比控制 $R = L/D = 4～8$ 范围（可根据具体情况来定）。

（2）分别读取塔顶、塔釜、进料处酒度计的酒度及对应的温度，记录相关数据。

4.非正常操作（非正常操作种类很多，选做）

（1）回流比过小（塔顶采出量过大）引起的塔顶产品不合格（直接现象是灵敏板温度急剧高）。

（2）进料量过小引起的塔顶产品不合格（直接现象是灵敏板温度逐渐升高）。

*（3）进料量过大，引起降液管液泛。

（4）加热电压过低（塔釜压力<1kPa），容易引起塔板漏液。

*（5）加热电压过高（塔釜压力>4kPa），容易引起塔板过量雾沫夹带甚至液泛。

以上非正常操作*（3）、*（5）容易引起塔釜压力急剧升高，造成一定危险，强烈建议不做这两类非正常操作。

5.停车

（1）实验完毕，关闭塔顶出料阀 F9 进料预热器、加料阀 F4 和进料泵，维持全回流状态约 5min。

（2）关闭塔釜加热电压，等板上无气液时关闭塔顶和塔底冷却水。

六、注意事项

（1）因为塔釜电加热是湿式加热，必须在塔釜有足够液体时（必须浸没电加热管）才能启动电加热，否则会烧坏电加热器，因此，严禁塔釜内液体较少时开启电加热！

（2）在启动加料泵前，必须保证原料罐内有原料液，长期使磁力泵空转会使磁力泵温度升高而损坏磁力泵。第一次运行磁力泵，需排除磁力泵内空气。若不进料时应及时关闭进料泵。

（3）塔釜出料操作时，应密切观察塔釜液位，防止液位过高或过低。严禁无人看守塔釜放料操作。

（4）严禁学生进入操作面板背面，以免发生触电。

（5）在冬季室内温度达到冰点时，设备内严禁存水。

（6）异常现象处理（见表2-6-2B）。

表 2-6-2B 异常现象、导致结果、形成原因及处理建议

异常现象		导致结果	形成原因	处理建议
塔釜液面 （液面上方留出 20mm空间）	下降	干塔，烧坏电加热	$F<D+W$，进料少， 塔釜出料多， 加热功率大	增大 F， 减少 W， 减小加热功率
	上升	淹塔	$F>D+W$，进料多，塔釜出料少，加热功率小	减小 F，增大 W，调大加热功率
塔釜压力 $1\sim 3.5$ kPa	$p_{釜}>3.5$kPa	液沫夹带， 夹带液泛	加热功率大	调小加热功率
	$p_{釜}<1$kPa	漏液 （漏液最易发生的地方是塔顶和加料板处）	加热功率小 （因为此两处均有冷液引入，从而使板上气相冷凝量增大，导致压力减小，漏液现象明显）	调大加热功率
$t_{灵}=$ $78\sim 83$℃	急剧升高	x_D减小	采出量增加，$D'>D$ （回流量未变，采出量增大，蒸气冷凝量增大）	$D=0$，F（增大）$=W$ （增大）
	缓慢升高	x_D减小	回流比减少，$R'<R$ （回流量减小，采出量不变，蒸气冷凝量减小）	增加塔釜加热量和塔顶冷凝量
	降液管液泛		气、液负荷增大 降液管有堵塞	调小塔釜加热量 清理降液管
塔釜温度	降低	残液酒度高	塔内酒度均高	调小进料量

无论以上何种原因引起的不正常现象，均导致分离效果下降。另外也要特别关注塔釜液面的变化，特别是液面过低。

（7）灵敏板位置确定。

基于表2-6-3B中温度分布数据，可判断出灵敏板约在第7块板处（第4测温点）。

表 2-6-3B 设备调试获得的温度分布

测温点	1	2	3	4	5	6	7	8
位置	塔釜	第2块板	加料板	第7块板	第9块板	第11块板	第13块板	塔顶
温度/℃	101	98	88	82	80	78	78	78

七、实验报告和数据处理

(1) 记录有关实验数据,用逐板计算法和作图法求得理论板数,完成表 2-6-4B 和表 2-6-5B。

表 2-6-4B 部分回流数据表

塔顶产品				进料				塔釜残液			
t	V_t	V_{20}	x_D	t	V_t	V_{20}	x_F	t	V_t	V_{20}	x_W

表 2-6-5B 部分回流时数据结果汇总表

压力 /Pa	温度/℃			流量			R	热状况 q		理论板 N		E_T
	顶	灵	釜	F/(L/h)	L/(mL/min)	D/(mL/min)		t_F	q	计算	作图	计算

说明:表 2-6-5B 中计算热状况的进料温度 t_F 与表 2-6-4B 中测定进料取样样品温度一致。

(2) 作部分回流下的梯级图(为保证作图的精确,要求在塔底和塔顶进行放大处理)。

(3) 在逐板计算或作图求出总理论板数时,要求精确到 0.1 块。这就要求在计算到最后一板时,根据塔釜组成 x_W 和 x_n、x_{n-1} 数据进行比例计算。在作图时,在塔底放大图中也应进行如此比例计算。

(4) 对全塔温度分布进行作图,找出规律和灵敏板温度。

实验七A 恒压过滤实验

一、实验目的

（1）掌握板框恒压过滤常数的测定方法，加深对相关概念和其影响因素的理解。
（2）学习滤饼压缩性指数 s 和物料常数 k 的测定方法。

二、实验内容

（1）测定每个过滤压差下的过滤常数 K，虚拟过滤体积 q_e，虚拟过滤时间 θ_e。
（2）讨论常数 K 随过滤压力的变化趋势。以提高过滤速度为目标，确定适宜的操作条件。

三、实验原理

过滤是利用过滤介质进行液-固系统的分离过程，过滤介质通常采用带有许多毛细孔的物质如帆布、毛毯、多孔陶瓷等。含有固体颗粒的悬浮液在一定压力作用下，液体通过过滤介质，固体颗粒被截留在介质表面上，从而使液固两相分离。

在过滤过程中，由于固体颗粒不断地被截留在介质表面上，滤饼厚度增加，液体流过固体颗粒之间的孔道加长，使流体流动阻力增加。故恒压过滤时，过滤速度逐渐下降。随着过滤进行，若要获得相同的滤液量，则过滤时间增加。

恒压过滤方程：

$$(q+q_e)^2 = K(\theta + \theta_e) \tag{2-7-1A}$$

式中　q——单位过滤面积上的滤液体积，m^3/m^2；
　　　q_e——单位过滤面积上的虚拟滤液体积，m^3/m^2；
　　　θ——实际过滤时间，s；
　　　θ_e——虚拟过滤时间，s；
　　　K——过滤常数，m^2/s。

将式（2-7-1A）对 q 进行微分可得：

$$\frac{d\theta}{dq} = \frac{2}{K}q + \frac{2}{K}q_e \tag{2-7-2A}$$

在普通坐标系上标绘 $\frac{d\theta}{dq}$-q 的关系，可得直线，其斜率为 $\frac{2}{K}$，截距为 $\frac{2}{K}q_e$，从而求出

K 和 q_e。

θ_e 由下式求出：

$$q_e^2 = K\theta_e \tag{2-7-3A}$$

当数据点的时间间隔不大时，$\dfrac{d\theta}{dq}$ 可用增量之比 $\dfrac{\Delta\theta}{\Delta q}$ 来代替。过滤常数定义式：

$$K = 2k\Delta p^{1-s} \tag{2-7-4A}$$

式中　k——物料常数；
　　　Δp——过滤压差；
　　　s——滤饼的压缩性指数。

对式（2-7-4A）两边取对数：

$$\lg K = (1-s)\lg \Delta p + \lg(2k) \tag{2-7-5A}$$

因 $k = \dfrac{1}{\mu r' v} =$ 常数，故 K 与 Δp 的关系在双对数坐标上标绘时应是一条直线，直线的斜率为 $(1-s)$，由此可得 s，然后代入（2-7-4A）求出 K。

四、实验装置（2005年版）

恒压过滤实验流程见图 2-7-1A。滤浆槽内配有一定浓度的轻质碳酸钙悬浮液（浓度为 2%～4%），用电动搅拌器进行均匀搅拌。开启阀门 3 和 4 后，启动旋涡泵，调节阀门 3 使压力表 1 指示在规定值。滤液在计量桶内计量。

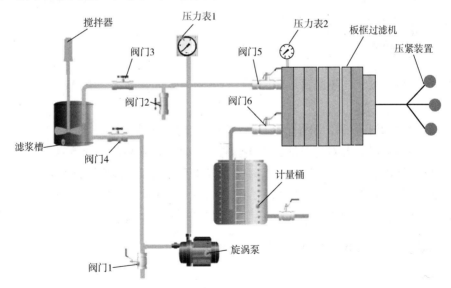

图 2-7-1A　恒压过滤实验流程（见彩插）

设备主要技术数据：

过滤板规格：160mm×180mm×11mm；

滤布：工业用，总过滤面积 0.0475m²；

计量桶：第一套，长 275mm、宽 325mm；第二套，长 225mm、宽 330mm；依据实际情况来选择。

五、实验方法和操作步骤

（1）系统接上电源，打开搅拌器电源开关，启动电动搅拌器。将滤液槽内浆液搅拌均匀。

（2）板框过滤机板、框排列顺序为固定头—非洗涤板—框—洗涤板—框—非洗涤板—可动头。用压紧装置压紧后待用。

（3）全开阀门 3 和 4，使阀门 1、2 和 5 处于全关状态。启动旋涡泵，调节阀门 3 使压力表 1 达到规定值。

（4）待压力表 1 稳定后，先后打开过滤出口阀门 6 和入口阀门 5，过滤开始。当计量桶内见到第一滴液体时按下计时表。记录滤液高度每增加 20mm 时所用的时间，测完 5 组数后，滤液流出速度明显变慢后，记录滤液高度每增加 10mm 时所用的时间。当累积增加的滤液高度为 160mm 时停止计时，并立即关闭入口阀门 5。注意计量桶的标尺刻度增加的方向因设备而异，有些是由下至上增加，有些则相反。

（5）打开阀门 3 使压力表 1 指示值下降。开启压紧装置卸下过滤框内的滤饼并放回滤浆槽内，将滤布清洗干净。放出计量桶内的滤液并倒回槽内，以保证滤浆浓度恒定。

（6）改变压力，从步骤（1）开始重复上述实验。需测量 3 个不同的压力下滤液量随时间的变化数据。

（7）实验结束时，关闭阀门 3、4 和 5，阀门 1 接上自来水，阀门 2 接通下水，对泵及滤浆进出口管进行冲洗，至出口水变清。

六、注意事项

（1）过滤板与框之间的密封垫应放正，过滤板与框的滤液进、出口对齐，用摇柄把过滤设备压紧，以免漏液。

（2）计量桶的流液管口应贴桶壁，否则液面波动会影响读数。

（3）实验结束时，要对泵及滤浆进出口管进行冲洗，切忌将自来水灌入储料槽中。

（4）电动搅拌器为无级调速。使用时首先接通系统电源，打开调速器开关，调速钮一定要由小到大缓慢调节，切勿反方向调节或调节过快而损坏电机。

（5）启动搅拌前，用手旋转一下搅拌轴以保证顺利启动搅拌器。

七、报告内容和数据处理

1.报告内容

（1）由恒压过滤实验数据求三个不同过滤压力下的 K、q_e、θ_e。

（2）比较不同压强差下过滤常数 K、q_e、θ_e 的值，讨论压差变化对它们的影响。

（3）在双对数坐标上标绘 K-Δp 曲线，求出 s 和 k。

2.数据记录与结果处理表

实验数据记录与处理表见表 2-7-1A。

表 2-7-1A 实验数据记录与处理表

序号	高度 /mm	q /(m³/m²)	q_{av} /(m³/m²)	0.07MPa			0.10MPa			0.15MPa		
				时间/s	$\Delta\theta$/s	$\Delta\theta/\Delta q$	时间/s	$\Delta\theta$/s	$\Delta\theta/\Delta q$	时间/s	$\Delta\theta$/s	$\Delta\theta/\Delta q$
1												
2												
3												
4												
5												
6												
7												
8												
9												
10												
11												

过滤面积：A=____m²

3.数据处理结果示意图

数据处理结果示意图如图 2-7-2A 和图 2-7-3A 所示。

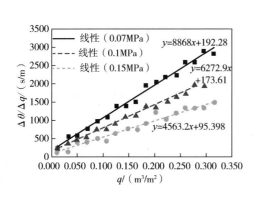

图 2-7-2A （$\Delta\theta/\Delta q$）-q 的关系图

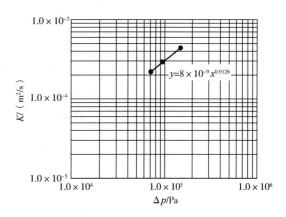

图 2-7-3A K-Δp 的关系图

八、思考题

（1）操作压强增加一倍，其 K 值是否也增加一倍？

（2）恒压过滤时，欲增加过滤速度，可行的措施有哪些？

实验七 B 恒压过滤实验

一、实验目的

1. 了解板框过滤机的构造和操作方法，学习定值调压阀、安全阀的使用。
2. 学习过滤方程式中恒压过滤常数的测定方法。
3. 测定洗涤速率与最终过滤速率的关系。
4. 了解操作条件（压力）对过滤速度的影响，并测定出比阻。

二、实验原理

1. 恒压过滤方程式

$$(V+V_e)^2 = KA^2(\tau+\tau_e) \qquad (2\text{-}7\text{-}1\text{B})$$

式中　V——滤液体积，m^3；
　　　V_e——过滤介质的当量滤液体积，m^3；
　　　K——过滤常数，m^2/s；
　　　A——过滤面积，m^2；
　　　τ——得到滤液 V 所需的过滤时间，s；
　　　τ_e——得到滤液 V_e 所需的过滤时间，s。

上式也可以写为：

$$(q+q_e)^2 = K(\tau+\tau_e) \qquad (2\text{-}7\text{-}2\text{B})$$

式中，$q = V/A$，即单位过滤面积的滤液量，m；$q_e = V_e/A$，即单位过滤面积的虚拟滤液量，m。

2. 过滤常数 K、q_e、τ_e 的测定方法

将式（2-7-2B）对 q 求导数，得

$$\frac{d\tau}{dq} = \frac{2}{K}q + \frac{2}{K}q_e \qquad (2\text{-}7\text{-}3\text{B})$$

这是一个直线方程式，以 $d\tau/dq$ 对 q 在普通坐标纸上标绘必得一直线，它的斜率为 $2/K$，截距为 $2q_e/K$，但是 $d\tau/dq$ 难以测定，故实验时可用 $\Delta\tau/\Delta q$ 代替 $d\tau/dq$，即

$$\frac{\Delta\tau}{\Delta q} = \frac{2}{K}q + \frac{2}{K}q_e \qquad (2\text{-}7\text{-}4\text{B})$$

因此，只需在某一恒压下进行过滤，测取一系列的 q 和 $\Delta\tau$、Δq 值，然后在笛卡儿坐标

上以Δτ/Δq 为纵坐标,以 q 为横坐标(由于Δτ/Δq 的值是对Δq 来说的,因此图上 q 的值应取其区间的平均值),即可得到一直线。这条直线的斜率为 2/K,截距即为 $2q_e/K$,由此可求出 K 及q_e,再以 $q=0$,$\tau=0$ 代入式(2-7-2B)即可求得τ_e。

3.洗涤速率与最终过滤速率关系的测定

洗涤速率的计算:

$$\left(\frac{dV}{d\tau}\right)_{洗} = \frac{V_w}{\tau_w} \tag{2-7-5B}$$

式中　V_w——洗液量,m³;
　　　τ_w——洗涤时间,s。

最终过滤速率的计算:

$$\left(\frac{dV}{d\tau}\right)_{终} = \frac{KA^2}{2(V+V_e)} = \frac{KA}{2(q+q_e)} \tag{2-7-6B}$$

在一定压强下,洗涤速率是恒定不变的。它可以在水量流出正常后开始计量,计量多少也可根据需要决定,因此它的测定比较容易。至于最终过滤速率的测定则比较困难。因为它是一个变数,过滤操作要进行到滤框全部被滤渣充满,此时的过滤速率才是最终过滤速率。它可以从滤液量显著减少来估计,此时滤液出口处的液流由满管口变成线状流下。也可以利用作图法来确定,一般情况下,最后的Δτ/Δq 对 q 在图上标绘的点会偏高,可在图中直线的延长线上取点,作为过滤终了阶段来计算最终过滤速率。至于在某一板框式过滤机中洗涤速率是否为最终过滤速率的四分之一,可根据实验设备和实验情况自行分析。

4.滤浆浓度的测定

如果固体粉末的颗粒比较均匀的话,滤浆浓度和它的密度有一定的关系,因此可以量取 100mL 的滤浆,称出质量,然后从浓度-密度关系曲线中查出滤浆浓度。此外,也可以利用测量过滤中的干滤饼及同时得到的滤液量来计算。干滤饼要用烘干的办法来获得。如果滤浆没有泡沫时,也可以用测相对密度的方法来确定浓度。

本实验根据配料时加入水和干物料的质量来计算其实际浓度(质量分数):

$$w = \frac{m_{物料}}{m_{水} + m_{物料}}$$

则单位体积悬浮液中所含固体体积分数 ϕ:

$$\phi = \frac{w/\rho_{物料}}{w/\rho_{物料} + (1-w)/\rho_{水}}$$

5.比阻 r 与压缩指数的求取

因过滤常数 $K = \dfrac{2\Delta p}{r\mu\phi}$ 与过滤压力有关,表面上看只有在实验条件与工业生产条件相同时才可直接使用实验测定的结果。实际上这一限制并非必要,如果能在几个不同的压差下重复过滤实验（注意，应保持在同一物料浓度、过滤温度条件下），从而求出比阻 r 与压差 Δp 之间的关系，则实验数据将具有更广泛的使用价值。

$$r = \frac{2\Delta p}{\mu \phi K}$$

式中　μ——实验条件下水的黏度，Pa·s；
　　　ϕ——实验条件下物料的体积分数；
　　　K——不同压差下的过滤常数，m^2/s；
　　　Δp——过滤压差，Pa；
　　　r——滤饼比阻，m^{-2}，$r = 32/(\varepsilon d_0^2)$，其中 ε 为滤饼层孔隙率，d_0 为孔径。

根据不同压差下求出的过滤常数计算出对应的比阻 r，对不同压差 Δp 与比阻 r 回归，求出其间关系 $r = r_0 \Delta p^s$，式中 s 为压缩指数，对不可压缩滤饼 $s = 0$，对可压缩滤饼 s 为 0.2～0.9；r_0 为实验常数。

三、实验装置（2022年版）

1. 恒压过滤实验流程图

恒压过滤实验流程图如图 2-7-1B 所示。

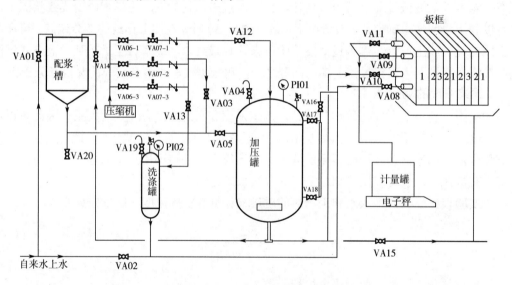

图 2-7-1B　恒压过滤实验流程图

VA01—配浆槽上水阀；VA02—洗涤罐加水阀；VA03—气动搅拌阀；VA04—加压罐放空阀；
VA05—加压罐进料阀；VA06-1—0.1MPa 进气阀；VA06-2—0.15MPa 进气阀；VA06-3—0.2MPa 进气阀；
VA07-1—0.1MPa 稳压阀；VA07-2—0.15MPa 稳压阀；VA07-3—0.2MPa 稳压阀；VA08—洗涤水进口阀；
VA09—滤液出口阀；VA10—料液进口阀；VA11—洗涤水出口阀；VA12—加压罐进气阀；VA13—洗涤罐进气阀；
VA14—加压罐残液回流阀；VA15—放净阀；VA16—液位计洗水阀；VA17—液位计上口阀；
VA18—液位计下口阀；VA19—洗涤罐放空阀；VA20—配浆槽放净阀；
PI01—加压罐压力；PI02—洗涤罐压力

2.流程说明

料液：料液由配浆槽经加压罐进料阀 VA05 进入加压罐，自加压罐底部，经料液进口阀 VA10 进入板框过滤机滤框内，通过滤布过滤后，滤液汇集至引流板，经滤液出口阀 VA09、洗涤水出口阀 VA11 流入计量罐；加压罐内残余料液可经加压罐残液回流阀 VA14 返回配浆槽。

气路：带压空气由压缩机输出，经进气阀、稳压阀、加压罐进气阀 VA12 进入加压罐内；或者经气动搅拌阀 VA03 进入配浆槽，洗涤罐进气阀 VA13 进入洗涤罐。

3.设备仪表参数

物料加压罐：罐尺寸 ϕ325mm×370mm，总容积为 38L，液面不超过进液口位置，有效容积约 21L；

配浆槽：尺寸为 ϕ325mm，直筒高 370mm，锥高 150mm，锥容积 4L；

洗涤罐：ϕ159mm×300mm，容积为 6L；

板框过滤机：1号滤板（非过滤板）一块；3号滤板（洗涤板）二块；2号滤框四块；以及两端的两个压紧挡板，作用同1号滤板，因此也为1号滤板；

过滤面积：$A = \dfrac{\pi \times 0.125^2}{4} \times 2 \times 4 = 0.09818(\text{m}^2)$；

滤框厚度：12mm；

四个滤框总容积：$V = \dfrac{\pi \times 0.125^2}{4} \times 0.012 \times 4 = 0.589(\text{L})$；

电子秤：量程 0～15kg，显示精度 1g；

压力表：0～0.25MPa。

四、实验操作步骤

1.实验准备

准备（1）：板框过滤机的滤布安装。按板、框的号数以 1－2－3－2－1－2－3－2－1 的顺序排列过滤机的板与框（顺序、方位不能错）。把滤布用水湿透，再将湿滤布覆在滤框的两侧（滤布孔与框的孔一致）。然后用压紧螺杆压紧板和框，过滤机固定头的4个阀均处于关闭状态。

准备（2）：加水。若使物料加压罐中有 21L 物料，直筒内容积应为 17L，直筒内液体高为 210mm。因此，直筒内液面到上沿高应为 370−210 = 160（mm）。同时，在洗涤罐内加水约总体积的 3/4，为洗涤做准备。

准备（3）：配原料滤浆。为了配制质量分数为 5%～7% 的轻质 $MgCO_3$ 溶液，按 21L 水约 21kg 计算，应加轻质 $MgCO_3$ 约 1.5kg。将轻质 $MgCO_3$ 固体粉末约 1.5kg 倒入配浆槽内，加盖。启动压缩机，开启 VA06-1、VA07-1（稳压阀压力 0.1MPa），逐渐开启配浆槽内的气动搅拌阀 VA03，气动搅拌使液相混合均匀。关闭 VA03、VA06-1、VA07-1，将物料加压罐的放空阀 VA04 打开，开 VA05 将配浆槽内配制好的滤浆放进物料加压罐，完成放料后关闭 VA04 和 VA05。

准备（4）：物料加压。开启 VA12。先确定在什么压力下进行过滤，本实验装置可进行三个固定压力下的过滤，分别由三个定值调压阀并联控制，从上到下分别是 0.1MPa、0.15MPa、0.2MPa。以 0.1MPa 为例，开启定值调压阀前、后的 VA06-1、VA07-1，使压缩空气进入加压罐下部的气动搅拌盘，气体鼓泡搅动使加压罐内的物料保持浓度均匀，同时将密封的加压罐内的料液加压，当物料加压罐内的压力维持在 0.1MPa 时，准备过滤。

2.实验操作

（1）过滤　开启上边的两个滤液出口阀，全开下方的滤浆进入球阀，滤浆便被压缩空气的压力送入板框过滤机过滤。滤液流入计量罐，测取一定质量的滤液量所需要的时间（本实验建议每增加 600g 读取时间数据）。待滤渣充满全部滤框后（此时滤液流量很小，但仍呈线状流出）。关闭滤浆进入阀，停止过滤。

（2）洗涤　物料洗涤时，关闭加压罐进气阀，打开连接洗水罐的压缩空气进气阀，压缩空气进入洗涤罐，维持洗涤压强与过滤压强一致。关闭过滤机固定头右上方的滤液出口阀，开启左下方的洗水进入阀，洗水经过滤渣层后流入称量筒，测取有关数据。

（3）卸料　洗涤完毕后，关闭进水阀，旋开压紧螺杆，卸出滤渣，清洗滤布，整理板框。板框及滤布重新安装后，进行另一个压力操作。

（4）过滤　由于加压罐内有足够的同样浓度的料液，按以上（1）、（2）、（3）步骤，调节过滤压力，依次进行其余两个压力下的过滤操作。

3.结束实验

结束（1）：全部过滤洗涤结束后，关闭洗涤进气阀，打开物料压力罐进气阀，盖住配浆槽盖，打开放料阀 VA14，用压缩空气将加压罐内的剩余悬浮液送回配浆槽内贮存，关闭物料进气阀。

结束（2）：清洗加压罐及其液位计。打开加压罐放空阀，使加压罐保持常压。关闭加压罐液位计上口阀 VA17，打开液位计洗水阀 VA16，让清水洗涤加压罐液位计，以免剩余悬浮液沉淀，堵塞液位计、管道和阀门等。

结束（3）：关闭洗涤罐进气阀，停压缩机。

五、注意事项

（1）实验完成后应将装置清洗干净，防止堵塞管道。
（2）长期不用时，应将槽内水放净。

六、实验报告和数据处理

1.实验报告

（1）作出一定条件下 $\Delta\tau/\Delta q$ 与 q 的关系线，从图中得到其斜率和截距，计算出过滤常数 K 和虚拟滤液流量 q_e。

（2）分析不同过滤压力对恒压过滤常数的影响，确定滤饼压缩指数。

2.数据记录与结果处理表

数据记录与结果处理表见表 2-7-1B。

表 2-7-1B 实验数据记录与处理表

液温：_____℃   压力：_____MPa   过滤面积：_____m²

序号	滤液质量/g	Δm/g	$\Delta \tau$/s	ΔV/L	Δq/(m³/m²)	q/(m³/m²)	$\Delta \tau/\Delta q$/(s/m²)
0							
1							
2							
3							
4							
5							
6							
7							
8							

实验八 洞道干燥实验

一、实验目的

(1) 了解常压干燥设备的构造,基本流程和操作。
(2) 测定物料干燥速率曲线及传质系数。
(3) 研究气流速度对干燥速率曲线的影响(选做)。
(4) 研究气流温度对干燥速率曲线的影响(选做)。

二、实验原理

1. 干燥曲线

干燥曲线即物料的干基含水量 X 与干燥时间 θ 的关系曲线。它说明物料在干燥过程中,干基含水量随干燥时间的变化关系:

$$X = f(\theta) \tag{2-8-1}$$

典型的干燥曲线如图 2-8-1 所示。

实验过程中,在恒定的干燥条件下,测定物料总质量随时间的变化,直到物料的质量恒定为止。此时物料与空气之间达到平衡状态,物料中所含水分即为该空气条件下的平衡水分。物料的瞬间干基含水量可以用下式计算:

$$X = \frac{W - W_c}{W_c} \text{(kg 水/kg 绝干物料)} \tag{2-8-2}$$

式中　W——物料的瞬间质量,kg;
　　　W_c——物料的绝干质量,kg。

将 X 对 θ 进行标绘,就得到如图 2-8-1 所示的干燥曲线。

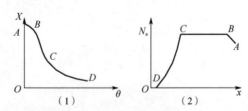

图 2-8-1　干燥曲线和干燥速率曲线

干燥曲线的形状由物料性质和干燥条件决定。

2.干燥速率曲线

干燥速率是指在单位时间内，单位干燥面积上汽化的水分质量。

$$N_a = \frac{dW}{Ad\theta} = \frac{\Delta W}{Ad\theta} \quad [\text{kg}/(\text{m}^2 \cdot \text{s})] \tag{2-8-3}$$

式中　　A——干燥面积，m^2；

　　　　W——从被干燥物料中除去的水分质量，kg。

干燥面积和绝干物料的质量均可测得，为了方便起见，可近似用下式计算干燥速率：

$$N_a = \frac{dW}{Ad\theta} = \frac{\Delta W}{A\Delta\theta} \quad [\text{kg}/(\text{m}^2 \cdot \text{s}) \text{ 或 } \text{g}/(\text{m}^2 \cdot \text{s})] \tag{2-8-4}$$

本实验是通过测出每挥发一定量的水分（ΔW）所需要的时间（$\Delta\theta$）来测定干燥速率的。影响干燥速率的因素很多，它与物料性质和干燥介质（空气）的情况有关。在干燥条件不变的情况下，对同类物料，当厚度和形状一定时，干燥速率 N_a 是物料干基含水量的函数。即：

$$N_a = f(X) \tag{2-8-5}$$

3. 传质系数（恒速干燥阶段）

干燥时在恒速干燥阶段，物料表面与空气之间的传热速率和传质速率可分别以下面两式表示：

$$\frac{dQ}{Ad\theta} = \alpha(t - t_w) \tag{2-8-6}$$

$$\frac{dW}{Ad\theta} = K_H(H_w - H) \tag{2-8-7}$$

式中　　Q——由空气传给物料的热量，kJ；

　　　　α——对流传热系数，$\text{kW}/(\text{m}^2 \cdot ℃)$；

　　t，t_w——空气的干、湿球温度，℃；

　　　　K_H——以湿度差为推动力的传质系数，$\text{kg}/(\text{m}^2 \cdot \text{s})$；

　H，H_w——与 t、t_w 相对应的空气湿度，kg/kg 干空气。

当物料一定，干燥条件恒定时，K_H 的值也保持恒定。在恒速干燥阶段物料表面保持足够润湿，干燥速率由表面水分汽化速率所控制。若忽略以辐射及传导方式传递给物料的热量，则物料表面水分汽化所需要的潜热全部由空气以对流的方式供给，此时物料表面温度即空气的湿球温度 t_w，水分汽化所需热量等于空气传入的热量，即：

$$r_w dw = dQ \tag{2-8-8}$$

其中，r_w 是 t_w 时水的汽化潜热，kJ/kg。

因此有

$$\frac{r_w \mathrm{d}w}{A\mathrm{d}\theta} = \frac{\mathrm{d}Q}{A\mathrm{d}\theta}$$

即

$$r_w K_H (H_w - H) = \alpha(t - t_w) \tag{2-8-9}$$

$$K_H = \frac{\alpha}{r_w} \times \frac{t - t_w}{H_w - H} \tag{2-8-10}$$

对于水-空气干燥传质系统，当被测气流的温度不太高，流速＞5m/s 时，式（2-8-10）又可简化为

$$K_H = \frac{\alpha}{1.09} \tag{2-8-11}$$

4. K_H 的计算

（1）查 H、H_w 由干湿球温度 t、t_w，根据湿焓图找出或计算出相应的 H、H_w。

（2）计算流量计处的空气性质 因为从流量计到干燥室虽然空气的温度、相对湿度发生变化，但其湿度未变。因此，我们可以利用干燥室处的 H 来计算流量计处的物性。已知测得孔板流量计前的气温是 t_L，则：

流量计处湿空气的比体积：V_H =（2.83×10⁻³+4.56×10⁻³H）（t_L+273）（m³/kg 干气）；

流量计处湿空气的密度：ρ =（1+H）/V_H，（kg/m³ 湿气）。

（3）计算流量计处的质量流量 m（kg/s）

测得孔板流量计的压差计读数：Δp（Pa）。

流量计的孔流速度：$u_0 = C_0 \sqrt{\dfrac{2\Delta p}{\rho}}$（m/s）。

流量计处的质量流量：$m = u_0 A_0 \rho$（kg/s），A_0 为孔板孔面积。

（4）干燥室的质量流速 G[kg/（m²·s）] 虽然从流量计到干燥室空气的温度、相对湿度、压力、流速等均发生变化，但两个截面的湿度 H 和质量流量 m 却一样。因此，我们可以利用流量计处的 m 来计算干燥室处的质量流速 G。

干燥室的质量流速为：$G = m/A$[kg/（m²·s）]，A 为干燥室的横截面积。

（5）传热系数 α 的计算 干燥介质（空气）流过物料表面可以是平行的，也可以是垂直的，也可以是倾斜的。实践证明，只有空气平行于物料表面流动时，其对流传热系数最大，干燥最快最经济。因此将干燥物料做成薄板状，其平行气流的干燥面最大，而在计算传热系数时，因为两个垂直面面积较小、传热系数也远远小于平行流动的传热系数，所以其两个横向面积的影响可忽略。

采用 α 经验关联式：对水-空气系统，当空气流动方向与物料表面平行，其质量流速 G = 0.68～8.14kg/（m²·s），t = 45～150℃时，适用下式

$$\alpha = 0.0143 G^{0.8} \ [\text{kW}/（\text{m}^2·℃）] \tag{2-8-12}$$

（6）计算 K_H　由式（2-8-12）计算出 α 代入式（2-8-11），即可计算出传质系数 K_H。

三、实验装置

1.实验流程

本装置用吸水后的羊毛毡作为湿物料，尺寸及湿球温度计的原理见图2-8-2。

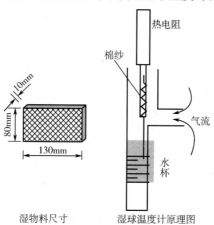

图 2-8-2　湿物料尺寸和湿球温度计原理图

本实验由离心式风机送风，先经过一圆管经孔板流量计测风量，经电加热室加热后，进入方形风道，流入干燥室，再经方变圆管流入蝶阀可手动调节流量（本实验装置可由调节风机的频率来调节风量，实验时蝶阀处于全开状态），流入风机进口，形成循环风洞干燥。洞道实验装置如图2-8-3所示。

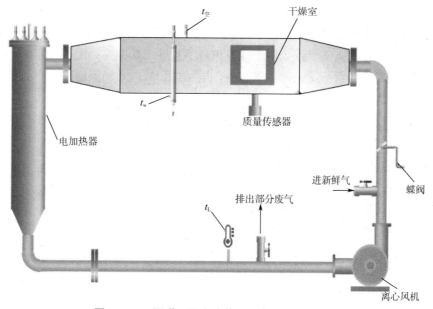

图 2-8-3　洞道干燥实验装置示意图（见彩插）

$t_空$—空气干球温度；t_w—空气湿球温度；t_L—风机出口温度

实验八　洞道干燥实验

为防止循环风的湿度增加，保证恒定的干燥条件，在风机进出口分别装有两个阀门，风机出口不断排放出废气，风机进口不断流入新鲜气，以保证循环风湿度不变。为保证进入干燥室的风温恒定，保证恒定的干燥条件，电加热的两组电热丝采用自动控温，具体温度可人为设定。洞道干燥实验的控制面板如图 2-8-4 所示。

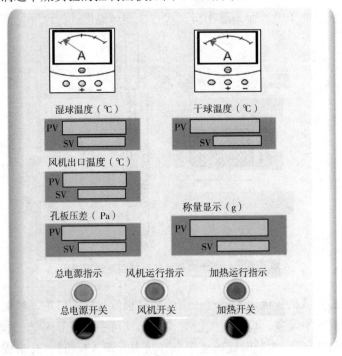

图 2-8-4　洞道干燥实验的控制面板

本实验有三个计算温度，一是进干燥室的干球温度（为设定的仪表读数），二是进干燥室的湿球温度，三是流入流量计处用于计算风量的温度，其位置如图 2-8-3 所示。

本装置管道系统均由不锈钢板加工制成，电加热和风道均加保温层。

2.设备相关参数

中压风机：全风压 2kPa，风量 22m³/min，750 W；

圆管内径：73.6mm；

方管尺寸：150mm×200mm（宽×高）；

孔板流量计：全不锈钢，环隙取压，孔径 57.01mm，$m = 0.6$，$C_0 = 0.74$；

电加热：两组 2×1.5kW，自动控温；

差压传感器：无锡梅园 WMF-2000，0～5000Pa；

差压显示仪表：宇电 501；

热电阻传感器：Pt100；

温度数显仪表：宇电 501；

温度控制器：宇电 518；

称重传感器：北京正开 MCL-L，0～1000g；

称重显示仪表：北京正开 MCK-ZS；

干燥湿物料：羊毛毡，尺寸为 130mm×80mm×10mm（长×宽×厚），绝干质量 21g；消耗电负荷：(3±0.75) kW。

四、实验操作步骤

(1) 将待干燥试样浸水，使试样含水分约 70g（不能滴水），以备干燥实验用。

(2) 检查风机进出口放空阀应处于开启状态；往湿球温度计小杯中加水。

(3) 检查电源连接，开启仪控柜总电源。启动风机开关，并调节阀门，使仪表达到预定的风压值，一般风压调节到 600~900Pa。

(4) 风压调好后，通过温控器仪表手动调节干燥介质的控制温度（一般在 80~95℃之间）。开启加热开关，温控器开始自动控制电热丝的电流进行自动控温，逐渐达到设定温度。

(5) 放置物料前，调节称重显示仪表显示回零。

(6) 状态稳定后（干、湿球温度不再变化），将试样放入干燥室架子上，等约 2min，开始读取物料质量（最好从整克数据开始记录），记录下试样质量每减少 2g 时所需的时间，直至时间间隔超过 4min 时停止记录。

(7) 取出被干燥的试样，先关闭加热开关。当干球温度降到 60℃以下时，关闭风机的开关，关闭仪表的电开关。

五、注意事项

(1) 干球温度一般控制在 80~95℃之间。

(2) 放湿物料时，手要戴防烫手套以免烫手；放好湿物料时检查物料是否与风向平行。

(3) 在总电源接通前，应检查相电是否正常，严禁缺相操作。

(4) 不要将湿球温度计内的湿棉纱弄脱落，调试好湿球温度后，最好不再变动。

(5) 教师提前设定或调节好所有仪表按键，学生不要乱动。

(6) 开加热电压前必须开启风机，并且必须调节变频器有一定风量，关闭风机前必须先关闭电加热，且在温度降低到 60℃以下时再停风机。本装置在设计时，加热开关在风机通电开关下游，只有开启风机开关才能开电加热，若关闭风机，则电加热也会关闭。虽然有这样的保护设计，但希望同学们在操作时还是要严格按照说明书进行。

六、实验报告和数据处理

1.实验数据记录表

实验数据记录表见表 2-8-1～表 2-8-3。

表 2-8-1 设备和物料相关恒定数据

物料尺寸/mm			绝干质量/g	干燥室尺寸/mm		孔板尺寸/mm	
长	宽	厚		高	宽	孔径	管径
130	80	10	21	200	150	57.01	73.6

表 2-8-2　实验过程保持恒定的参数

项目	干球温度 t/℃	湿球温度 t_w/℃	流量计处温度 t_L/℃	压差计读数 Δp/Pa
开始时				
结束时				
平均				

表 2-8-3　质量与时间变化数据记录

序号	W/g	ΔW/g	$\Delta\theta$/s	θ/s	X/(kg/kg)	N_a/[g/(m²·s)]
0						
1						
2						
3						
…						
11						

2.数据处理结果示意图

数据处理结果见图 2-8-5。

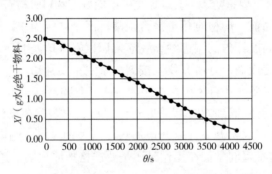

图 2-8-5　干燥曲线

七、思考题

（1）空气进入洞道干燥之前，为何需要预热？

（2）干燥之后的气体为何要循环，而非直接排出？

（3）记录湿物料的质量随干燥时间变化，除记录质量每减少 2 g 所花时间外，能否记录固定时间段减少的质量？为什么？

实验九　液-液萃取实验

一、实验目的

（1）熟悉转盘式萃取塔的结构、流程及各部件的结构作用。
（2）掌握萃取塔的正确操作方法。
（3）测定转速对分离提纯效果的影响，并计算出传质单元高度。

二、实验原理

萃取常用于分离提纯"液-液"溶液或乳浊液，特别是植物浸提液的纯化。虽然蒸馏也是分离"液-液"体系的方法，但和萃取的原理是完全不同的。萃取原理非常类似于吸收，技术原理均是根据溶质在两相中溶解度的不同进行分离操作，都是相间传质过程，吸收剂、萃取剂都可以回收再利用。但萃取又不同于吸收，吸收中两相密度差别大，只需逆流接触而不需要外能；萃取两相密度小，界面张力差也不大，需搅拌、脉动、振动等外加能量。另外萃取分散的两相分层分离的能力也不高，需足够大的分层空间。

萃取工艺成本低廉，应用前景良好。学术上主要研究萃取剂的合成与选取，萃取过程的强化等课题。为了获得高的萃取效率，无论对萃取设备的设计还是操作，工程技术人员必须对过程有全面深刻的了解，通过本实验可以达到这方面的训练。本实验用水对白油中的苯甲酸进行萃取。

1.萃取塔结构特征

萃取塔需要适度的外加能量，需要足够大的分层空间。

2.分散相的选择原则

（1）体积流量大者作为分散相（本实验白油体积流量大）；
（2）不易润湿的相作为分散相（本实验白油不易润湿）；
（3）黏度大的、含放射性的、成本高的选为分散相；
（4）从安全考虑，易燃易爆的作为分散相。

3.外加能量的大小控制

有利：①增加液-液传质表面积；②增加液-液界面的湍动提高界面传质系数。
不利：①返混增加，传质推动力下降；②液滴太小，内循环消失，传质系数下降；③外加能量过大，容易产生液泛，通量下降。

4.液泛

当连续相速度增加，或分散相速度降低，此时分散相上升（或下降）速度为零，对应的连续相速度即为液泛速度。

液泛因素：外加能量过大，液滴过多太小，造成液滴浮不上去；连续相流量过大或分散相过小也可能导致分散相上升速度为零；另外与系统的物性等也有关。

5.传质单元法计算传质单元数

塔式萃取设备，其计算和气液传质设备一样，即要求确定塔径和塔高两个基本尺寸。塔径的尺寸取决于两液相的流量及适宜的操作速度，从而确定设备的产能；而塔高的尺寸则取决于分离浓度要求及分离的难易程度，本实验装置是属于塔式微分设备，萃取段的有效高度采用传质单元法计算。与吸收操作中填料层高度的计算方法相似。

$$h = \frac{B}{K_X a \Omega} \int_{X_R}^{X_F} \frac{\mathrm{d}X}{X - X^*}$$

简写为

$$h = H_{OR} N_{OR}$$

其中，传质单元数 $N_{OR} = \int_{X_R}^{X_F} \frac{\mathrm{d}X}{X - X^*}$，传质单元高度 $H_{OR} = \frac{B}{K_X a \Omega}$。

式中　h——萃取段有效高度，m，本实验 $h = 0.65\mathrm{m}$；
　　　H_{OR}——传质单元高度，m；
　　　N_{OR}——传质单元数；
　　　B——萃余相流量，g/s；
　　　$K_X a$——传质系数，g/(m³·s)。

传质单元数 N_{OR}，对平衡线和操作线均可看作直线的情况下，其计算方法仍可采用平均推动力法进行计算，萃取塔计算分解示意图如图 2-9-1 所示。

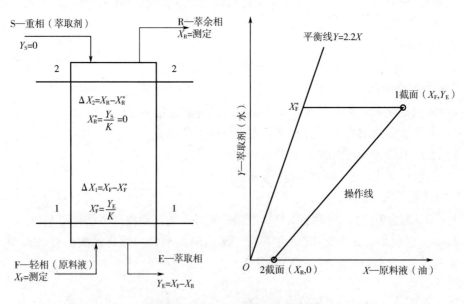

图 2-9-1　萃取塔计算分解示意图

其计算式为:

$$N_{OR} = \frac{\Delta X}{\Delta X_m} \qquad \Delta X = X_F - X_R \qquad \Delta X_1 = X_F - X_F^*$$
$$\Delta X_m = \frac{\Delta X_1 - \Delta X_2}{\ln \frac{\Delta X_1}{\Delta X_2}} \qquad \Delta X_2 = X_R - X_R^*$$

上式中 X_F、X_R 可以实际测得,而平衡组成 X^* 可根据分配曲线计算:

$$X_R^* = \frac{Y_S}{K} = \frac{0}{K} = 0 \qquad X_F^* = \frac{Y_E}{K}$$

Y_E 为出塔的萃取相中溶质的质量比,可以实验测得或根据物料衡算得到。

根据以上计算,即可获得其在该实验条件下的实际传质单元高度。然后,可以通过改变实验条件进行不同条件下的传质单元高度计算,以比较其影响。

6. 需要说明的几个问题

(1)物料流计算 根据全塔物料衡算:

$$F + S = R + E$$

$$FX_F + SY_S = RX_R + EY_E$$

由于整个溶质含量非常低,因此可认为 $F = R$,$S = E$。

本实验中,为了让原料液 F 和萃取剂 S 在整个塔内维持在两相区,也为了计算和操作更加直观方便,取 $F = S$。又由于整个溶质含量非常低,因此得到 $F = S = R = E$。

$$X_F + Y_S = X_R + Y_E$$

本实验中 $Y_S = 0$,$X_F = X_R + Y_E$,$Y_E = X_F - X_R$。只要测得原料白油的 X_F 和萃余相油中 X_R,即可根据物料衡算计算出萃取相水中的组成 Y_E。

(2)转子流量计校正 本实验中用到的转子流量计是以水在 20℃、1atm(1atm = 101.325kPa)下进行标定的,本实验的条件也是在接近常温和常压(20℃、1atm)下进行的,因此温度和压力对不可压缩流体的密度影响很微小,其导致的刻度校正可忽略。但如果用于测量白油,因其与水在同等条件下密度相差很大,则必须进行刻度校正,否则会给实验结果带来很大误差。

根据转子流量计校正公式:

$$\frac{q_1}{q_0} = \sqrt{\frac{\rho_0(\rho_f - \rho_1)}{\rho_1(\rho_f - \rho_0)}} = \sqrt{\frac{1000 \times (7920 - 800)}{800 \times (7920 - 1000)}} = 1.134$$

式中　q_1——实际体积流量,L/h;

　　　q_0——刻度读数流量,L/h;

　　　ρ_1——白油密度,kg/m³,本实验取 800kg/m³;

　　　ρ_0——标定水密度,kg/m³,取 1000kg/m³;

　　　ρ_f——不锈钢金属转子密度,kg/m³,取 7920kg/m³。

实验测定以水流量为基准,转子流量计读数取 $q_S = 10$(L/h),则

$$S = q_S\rho_\text{水} = 10/1000\times1000 = 10 \text{ (kg 水/h)}$$

由于 $F = S$,有 $F = 10$(kg 油/h),则

$$q_F = F/\rho_\text{油} = 10/800\times1000 = 12.5 \text{ (L 油/h)}$$

根据以上推导计算出的转子流量计校正公式,实际油流量 $q_1 = q_F = 12.5$(L/h),则刻度读数值应为:

$$q_0 = q_1/1.134 = 12.5/1.134 = 11 \text{ (L 油/h)}$$

即在本实验中,若使萃取剂水流量 $q_S = 10$L 水/h,则必须保持原料油转子流量计读数 $q_0 = 11$L 油/h,才能保证质量流量 F 与 S 的一致。

(3)物质的量浓度 c(mol/L)的测定 取原料油(或萃余相油)25mL,以酚酞为指示剂,用配制好的浓度 $c_\text{NaOH} \approx 0.01$mol/L NaOH 标准溶液进行滴定,测出 NaOH 标准溶液用量 V_NaOH(mL),则有:

$$c_F = \frac{(V_\text{NaOH}/1000)c_\text{NaOH}}{0.025} = \frac{V_\text{NaOH}c_\text{NaOH}}{25} \text{ (mol/L)}$$

同理可测出 c_R,而 $c_E = c_F - c_R$。

(4)物质的量浓度 c 与质量比浓度 X(Y)的换算 质量比浓度 X(Y)与质量分数 x(y)的区别:

$$X = \frac{\text{溶质质量}}{\text{溶剂质量}};\quad x = \frac{\text{溶质质量}}{\text{溶质质量}+\text{溶剂质量}}$$

本实验因为溶质含量很低,且以溶剂不损耗为计算基准更科学,因此采用质量比浓度 X 而不采用质量分数 x。

$$X_R = c_R M_A/\rho_\text{白油} = 122c_R/800;\quad X_F = c_F M_A/\rho_\text{白油} = 122c_F/800$$

$$Y_E = c_E M_A/\rho_\text{水} = 122c_E/1000$$

(5)萃取率 η 的计算

$$\eta = \frac{X_F - X_R}{X_F}\times100\%$$

三、实验装置

(1)流程描述 如图 2-9-2 所示。
萃取剂:萃取剂罐—萃取剂泵—流量计—塔上部进—塔下部出—油水液面控制管—地沟;
原料液:原料液罐—原料油泵—流量计—塔下部进—塔上部出—萃余相罐。
(2)实验体系 重相:萃取剂——水;轻相:原料液——白油中含有苯甲酸。

（3）塔设备结构参数　塔内径 $D=84$mm，塔总高 $H=1300$mm，有效高度 650mm；塔内采用环形固定环 14 个和圆形转盘 12 个（顺序从上到下 1，2，…，12），盘间距 50mm。塔顶塔底分离空间均为 250mm。

（4）配套设备参数　循环泵：15W 磁力循环泵；贮液罐：$\phi290$mm×400mm，约 25L，不锈钢罐 3 个；调速电机：90W，0～1250r/min 无级调速；流量计：量程 2.5～25L/h；转速：200～1000r/min。

（5）操作参数　萃取剂与原料液 5～15L/h。

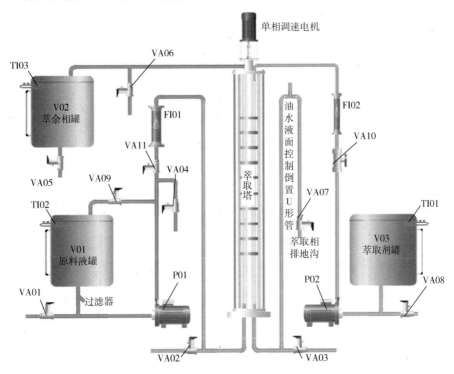

图 2-9-2　萃取实验工艺流程（见彩插）

VA01—油卸料阀门；VA02、VA03—放净口；VA04、VA06—取样阀；VA05、VA07～VA11—阀门；
P01—原料油泵；P02—萃取剂泵；FI01—油流量计；FI02—水流量计；TI01～TI03—温度计

四、实验操作步骤

1. 开车准备阶段

（1）灌塔：在萃取剂罐 V03 中倒入蒸馏水，打开萃取剂泵 P02，打开阀 VA10，经水流量计 FI02 向塔内灌水，塔内水上升到第一个固定盘与法兰约中间位置即可，关闭进水阀 VA10。

（2）配原料液：在原料液罐中加白油至罐体高度 3/4 处，再加苯甲酸配制约 0.01mol/L（配比约为每 1 L 白油需要 1.22g 苯甲酸）的原料液。可通过酸碱滴定原料液，分析原料液较准确的苯甲酸浓度，注意苯甲酸要提前溶解在白油中，搅拌溶解后加入原料液罐，防止未溶解的苯甲酸堵塞原料液罐罐底过滤器。

（3）开启原料油泵 P01、阀 VA09，排出管内气体，使原料能顺利进入塔内；然后关闭

VA09。

(4) 开启转盘电机，调节转速约为 300r/min 左右（具体实验转速，可由用户根据实际情况确定）。

2. 实验阶段（保持流量一定，改变转速）

(1) 根据实验需要，固定电机转速，调节阀门 VA10 使原料水流量计 FI02 至一定值（如 10L/h），再调节阀门 VA11 使原料油流量计 FI01 至一定值（如 11L/h）（注：为防止转子流量计使用过程中流量指示不稳定，每调节一个流量需稳定 10min 左右）。

(2) 开启塔底出水阀 VA03，观察塔顶油-水分界面，并维持分界面在第一个固定盘与法兰约中间位置，最后水流量也应该稳定在和进口水相同流量的状态（油水分界面应在最上边固定盘上玻璃管段约中间位置，可微调 VA07，维持界面位置，界面的偏移对实验结果没有影响）。

(3) 一定时间后（稳定时间约 10min），分别用移液管取萃余相及萃取相样品 25.0mL 于锥形瓶中，用已标定浓度的氢氧化钠溶液对待测液进行滴定，分析其浓度 [本实验替代时间的计算：设分界面在第一个固定盘与法兰中间位置，则油的塔内存储体积约 $(0.084/2)^2 \times 3.14 \times 0.125 = 0.7$L，流量按 11L/h，替代时间为 $0.7/11 \times 60 = 3.8$min。根据稳定时间 = 3×替代时间计算，因此稳定时间约为 10min。

(4) 改变转速为 400r/min、600r/min 等，重复以上操作。并记录相应的转速与出口组成分析数据。

3. 观察液泛

将转速调到约 1000 r/min，外加过大能量，观察塔内现象。油与水乳化强烈，油滴微小，使油浮力下降不足以上升达到分层，整个塔处于乳化状态。此为塔不正常状态，应避免。

4. 停车

(1) 实验完毕，关闭进料阀 VA11，关闭原料油泵 P01，关闭调速电机。

(2) 关闭萃取剂进入阀 VA10，关闭萃取剂泵 P02。

(3) 整理萃余相罐 V02、原料液罐 V01 中料液，以备下次实验用。

五、注意事项

(1) 加料泵启动前，必须保证原料罐内有原料液，长期使磁力泵空转会使磁力泵温度升高而损坏磁力泵。第一次运行磁力泵，需排除磁力泵内空气。若不进料时应及时关闭进料泵。

(2) 严禁学生进入操作面板后面，以免发生触电。

(3) 塔釜出料操作时，应紧密观察塔顶分界面，防止分界面过高或过低。

(4) 在冬季造成室内温度达到冰点时，设备内严禁存水。

(5) 长期不用时，一定要排净油泵内的白油，因为泵内密封材料是橡胶类，被有机溶剂类（白油）长期浸泡会发生慢性溶解和浸胀，这将导致密封不严而发生泄漏。

六、实验报告和数据处理

1. 实验报告

(1) 计算转盘塔在 3 个以上不同转速下的传质单元数。

（2）绘制不同转速下萃取塔的传质单元数变化曲线。

2.实验数据记录和处理结果表

实验数据记录和处理结果表见表 2-9-1～表 2-9-3。

表 2-9-1　基础数据汇总

塔有关数据					
塔内径/mm	塔总高/mm	有效高/mm	转动盘/个	固定环/个	环间距/mm
84	1300	650	12	14	50
有关物性数据					
温度/℃	水密度/(kg/m³)	分配系数 K	苯甲酸分子量	白油密度/(kg/m³)	
20.0	998.2	2.2	122	800	

表 2-9-2　浓度测定计算表

序号	转速/(r/min)	原料液F				萃余相R				萃取相E			
		初/mL	终/mL	用量/mL	c_F/(mol/L)	初/mL	终/mL	用量/mL	c_R/(mol/L)	初/mL	终/mL	用量/mL	c_E/(mol/L)
1													
2													
3													

表 2-9-3　数据结果汇总表

序号	转速/(r/min)	X_F	X_R	Y_E	ΔX_m	N_{OR}/个	H_{OR}/m
1							
2							
3							

3.处理结果示意图

实验数据处理结果示意图见图 2-9-3。

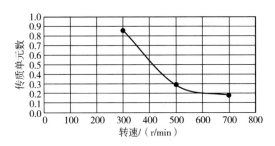

图 2-9-3　传质单元数与转盘转速关系图

七、思考题

（1）本实验用水萃取白油中的苯甲酸，而不是煤油中的苯甲酸，有何优势和不足？
（2）转盘塔的转速变化对萃取效果有何影响，请定性分析。

附：氢氧化钠溶液的标定

（1）0.01mol/L 氢氧化钠溶液的配制：粗称 0.4g NaOH 于干净的烧杯中，加新煮沸放凉的蒸馏水搅拌、溶解并稀释至 1000mL 容量瓶中。

（2）0.01mol/L 氢氧化钠溶液的标定：取在 105～110℃ 干燥至恒重的基准试剂邻苯二甲酸氢钾（分子量 204.22）约 0.3g，精密称量（精确至万分位），置 250mL 锥形瓶中。加入 50mL 蒸馏水，振摇使之完全溶解，加入 10g/L 酚酞指示剂 2 滴，用已配制好的浓度约为 0.01mol/L NaOH 标准溶液滴定至溶液由无色变为红色（30s 不褪色），即为终点。同时做空白实验。

所配氢氧化钠溶液的准确浓度为：

$$c_{NaOH} = \frac{m}{(V_1 - V_0) \times 0.2042} (mol/L)$$

式中　m——邻苯二甲酸氢钾的质量，g；
　　　V_1——滴定邻苯二甲酸氢钾消耗的氢氧化钠的体积，mL；
　　　V_0——空白实验消耗的氢氧化钠的体积，mL。

实验十 液-液板式换热实验

一、实验目的

（1）了解液-液板式换热实验装置的基本结构、工艺流程和操作方法。
（2）掌握冷热流体通过间壁式换热时的基本规律。
（3）认识板式换热器结构，考察流体流速对总传热系数的影响。

二、实验原理

在工业生产过程中，大量情况下，采用间壁式换热方式进行换热。所谓间壁式换热，就是冷、热两种流体之间有一固体壁面，两流体分别在固体壁面的两侧流动，两流体不直接接触，通过固体壁面（传热元件）进行热量交换。

本实验主要研究板式换热过程。板式换热器是一种传热效果好，结构紧凑的重要化工换热设备。在温度不太高和压力不太大的情况下，应用板式换热器比较有利。板式换热器主要由一组长方形的金属传热板片构成，它和板框压滤机结构相似，用框架将板片夹紧组装于支架上。两相邻板片的边缘衬以垫片压紧。板片四角有圆孔，形成流体的通道。冷热流体相间地在板片两侧流过，通过板片进行换热。板片厚度为 0.5～3mm，由于板片相当薄，所以传热很好，但刚度不够。通常都将板片压制成各种槽形或波形的表面，既增加了刚度，不致受压变形，同时也增加了湍流程度与传热面积，且使流体流过时分布均匀。两块板之间的距离通常为 4～6mm。

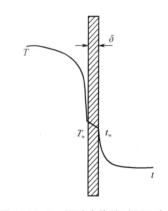

图 2-10-1 间壁式传热过程示意图

如图 2-10-1 所示，间壁式传热过程由热流体对固体壁面的对流传热、固体壁面的热传导和固体壁面对冷流体的对流传热所组成。

达到传热稳定时，有

$$Q = m_1 c_{p1}(T_1 - T_2) = m_2 c_{p2}(t_2 - t_1)$$
$$= KA\Delta t_m$$

式中　Q——传热量，J/s；
　　　m_1——热流体的质量流率，kg/s；
　　　c_{p1}——热流体的比热容，J/(kg·℃)；

T_1——热流体的进口温度，℃；

T_2——热流体的出口温度，℃；

m_2——冷流体的质量流率，kg/s；

c_{p2}——冷流体的比热容，J/(kg·℃)；

t_1——冷流体的进口温度，℃；

t_2——冷流体的出口温度，℃；

A——传热面积，m²；

K——以传热面积 A 为基准的总传热系数，W/(m²·℃)；

Δt_m——冷、热流体的对数平均温差，℃。

热、冷流体间的对数平均温差可按下式计算：

$$\Delta t_m = \frac{(T_1 - t_2) - (T_2 - t_1)}{\ln\dfrac{T_1 - t_2}{T_2 - t_1}}$$

其中，板式换热的传热面积为定值，即 $A = 1\text{m}^2$。

由此可计算换热器的总传热系数：

$$K = \frac{Q}{A\Delta t_m}$$

本实验装置中，热流体温度不在常温范围内时，读取流量时要对流量进行密度的校正，

$$Q_S = Q_N \sqrt{\frac{(\rho_f - \rho_S)\rho_N}{(\rho_f - \rho_N)\rho_S}}$$

式中　Q_S——实际的流量值；

　　　Q_N——仪表的读数示值；

　　　ρ_f——浮子密度；

　　　ρ_N——20℃时水的密度（标准状态）；

　　　ρ_S——被测介质的密度。

三、实验装置

本装置的换热面积为1m²，主要设备参数见表2-10-1，板式换热实验装置工艺图如图2-10-2所示，其控制面板如图2-10-3 所示。

表2-10-1　设备一览表

名　称	规格型号	数量	形式
水箱	440mm×385mm×440mm	2	立式
板式换热器	BR0.05	1	立式
控制柜	380mm×350mm×615mm	1	立式
水泵	流量：1.38m³/h；扬程：46m；额定功率：240W	2	卧式

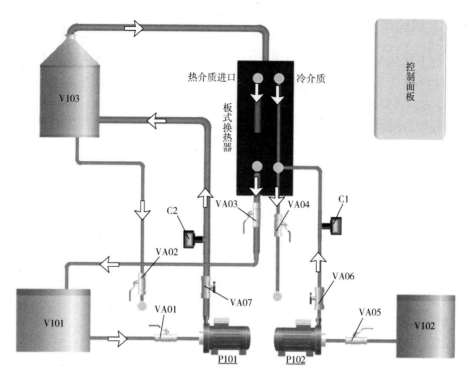

图 2-10-2 板式换热实验装置及流程示意图（见彩插）

VA01～VA07—阀门；P101—热液泵；P102—冷液泵；V101—热液池；V102—储罐；V103—预热器；C1，C2—传感器

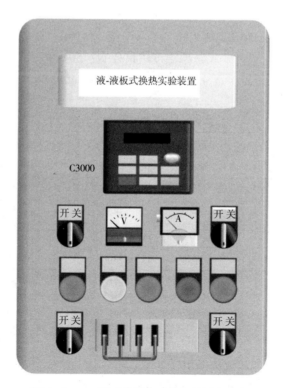

图 2-10-3 板式换热实验装置的控制面板

实验十 液-液板式换热实验

四、实验操作步骤

（1）打开阀门 VA01、VA03，关闭 VA02，开启热液泵，通过 C3000 控制热液泵流量为 150L/h，待预热器满水通过板式换热器热流体管路流回到热液池，此时开启预热器加热，控制 C3000 上加热管的开度（MV）使温度稳定在 60℃左右。

（2）观察热流体进出口温度，当热流体进出口温度稳定以后，打开冷液泵，打开阀门 VA04、VA05、VA06，通入冷流体。

（3）热流体流量保持在 150L/h，冷流体流量从 400L/h 开始调节，当冷流体进出口温度稳定以后，记下冷热流体进出口的温度及流量，依次改变冷流体流量为 400L/h、300L/h、200L/h、150L/h、100L/h。在流量调解过程中一定要冷热流体进出口温度稳定后，记录实验数据。

（4）实验结束操作

① 关闭加热器，关闭热液泵，冷流体继续通入，待各温度显示至室温左右，再关闭电源。

② 关闭水泵，切断总电源。

③ 清理实验设备。

（5）紧急停车

遇到下列情况之一，应紧急停车处理：①水泵发出异常的声响；②电机电流超过额定值持续不降；③仪表设备缺相电。

五、实验数据记录

实验数据记录表见表 2-10-2。

装置编号：_____　　热水温度进口控制：50～80℃

热水流量控制：150L/h　　冷水流量控制：100～400L/h

表 2-10-2　实验数据记录表

序号	冷流进口 t_1/℃	冷流出口 t_2/℃	热流进口 T_1/℃	热流出口 T_2/℃	冷流体流量 V_2/(L/h)	热流体流量 V_1/(L/h)
1	20.1	30.4	60.0	34.0	400	150
2	20.3	32.7	60.0	36.5	300	150
3	20.7	35.8	60.1	39.5	200	150
4	20.7	39.7	60.1	42.4	150	150
5	20.8	44.3	60.0	44.7	100	150

六、思考题

（1）板式换热器与列管换热器相比有何优缺点？

（2）本实验控制热水流量不变，以冷水流量变化来测量总传热系数。能改为控制冷水流量不变，以热水流量变化来测量总传质系数吗？为什么？

实验十一　流化床干燥实验

一、实验目的

（1）了解流化床干燥装置的基本结构、工艺流程和操作方法。
（2）学习在恒定干燥条件下测定物料干燥特性数据的实验方法。
（3）掌握根据实验干燥曲线求取干燥速率曲线以及恒速阶段干燥速率、临界湿含量、平衡湿含量的实验分析方法。
（4）研究干燥条件对于干燥过程特性的影响。

二、基本原理

在设计干燥器的尺寸或确定干燥器的生产能力时，被干燥物料在给定干燥条件下的干燥速率、临界湿含量和平衡湿含量等干燥特性数据是最基本的技术依据参数。由于实际生产中被干燥物料的性质千变万化，因此对于大多数具体的被干燥物料而言，其干燥特性数据常常需要通过实验测定而取得。

按干燥过程中空气状态参数是否变化，可将干燥过程分为恒定干燥条件操作和非恒定干燥条件操作两大类。若用大量空气干燥少量物料，则可以认为湿空气在干燥过程中温度、湿度均不变，再加上气流速度以及气流与物料的接触方式不变，则称这种操作为恒定干燥条件下的干燥操作。

1. 干燥速率的定义

干燥速率定义为单位干燥面积（提供湿分汽化的面积）、单位时间内所除去的湿分质量，即：

$$U = \frac{\mathrm{d}W}{A\mathrm{d}\tau} = -\frac{G_c \mathrm{d}X}{A\mathrm{d}\tau} \ [\mathrm{kg/(m^2 \cdot s)}] \tag{2-11-1}$$

式中　U——干燥速率，又称干燥通量，$\mathrm{kg/(m^2 \cdot s)}$；
　　　A——干燥表面积，$\mathrm{m^2}$；
　　　W——汽化的湿分量，kg；
　　　τ——干燥时间，s；
　　　G_c——绝干物料的质量，kg；
　　　X——物料湿含量，kg 湿分/kg 干物料，负号表示 X 随干燥时间的增加而减少。

2. 干燥速率的测定方法

方法一：
（1）将电子天平开启，待用。

（2）将快速水分测定仪开启，待用。

（3）将 0.5～1kg 的湿物料（如取 0.5～1kg 的绿豆放入 60～70℃的热水中泡 30min）取出，并用干毛巾吸干表面水分，待用。

（4）开启风机，调节风量至 40～60 m³/h，打开加热器加热。待热风温度恒定后（通常可设定在 70～80℃），将湿物料加入流化床中，开始计时，每过 4min 取出 10g 左右的物料，同时读取床层温度。将取出的湿物料在快速水分测定仪中测定，得初始质量 G_0 和终了质量 G_{ic}。则物料中瞬间含水率 X_i 为

$$X_i = \frac{G_0 - G_{ic}}{G_{ic}} \tag{2-11-2}$$

方法二（数字化实验设备可用此法）：

利用床层的压降来测定干燥过程的失水量。

（1）将 0.5～1kg 的湿物料（如取 0.5～1kg 的绿豆放入 60～70℃的热水中泡 30min）取出，并用干毛巾吸干表面水分，待用。

（2）开启风机，调节风量至 40～60m³/h，打开加热器加热。待热风温度恒定后（通常可设定在 70～80℃），将湿物料加入流化床中，开始计时，此时床层的压差将随时间减小，实验至床层压差（Δp_e）恒定为止。则物料中瞬间含水率 X_i 为

$$X_i = \frac{\Delta p - \Delta p_e}{\Delta p_e} \tag{2-11-3}$$

式中　Δp——时刻 τ 时床层的压差。

计算出每一时刻的瞬间含水率 X_i，然后将 X_i 对干燥时间 τ_i 作图，如图 2-11-1，即为干燥曲线。

上述干燥曲线还可以变换得到干燥速率曲线。由已测得的干燥曲线求出不同 X_i 下的斜率 $\dfrac{\mathrm{d}X_i}{\mathrm{d}\tau_i}$，再由式（2-11-1）计算得到干燥速率 U，将 U 对 X 作图，就是干燥速率曲线，如图 2-11-2 所示。

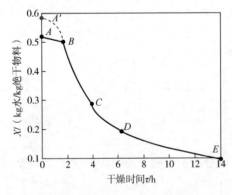

图 2-11-1　恒定干燥条件下的干燥曲线

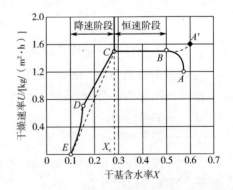

图 2-11-2　恒定干燥条件下的干燥速率曲线

将床层的温度对时间作图，可得床层的温度与干燥时间的关系曲线。

3. 干燥过程分析

预热段：见图 2-11-1 和图 2-11-2 中的 AB 段或 A'B 段。物料在预热段中，含水率略有下降，温度则升至湿球温度 t_w，干燥速率可能呈上升趋势变化，也可能呈下降趋势变化。预热段经历的时间很短，通常在干燥计算中忽略不计，有些干燥过程甚至没有预热段。

恒速干燥阶段：见图 2-11-1 和图 2-11-2 中的 BC 段。该段物料水分不断汽化，含水率不断下降。但由于这一阶段去除的是物料表面附着的非结合水分，水分去除的机理与纯水的相同，故在恒定干燥条件下，物料表面始终保持为湿球温度 t_w，传质推动力保持不变，因而干燥速率也不变。于是，在图 2-11-2 中，BC 段为水平线。

只要物料表面保持足够湿润，物料的干燥过程中总处于恒速阶段。而该段的干燥速率大小取决于物料表面水分的汽化速率大小，即决定于物料外部的空气干燥条件，故该阶段又称为表面汽化控制阶段。

降速干燥阶段：随着干燥过程的进行，物料内部水分移动到表面的速度赶不上表面水分的汽化速率，物料表面局部出现"干区"，尽管这时物料其余表面的平衡蒸气压仍与纯水的饱和蒸气压相同，但以物料全部外表面计算的干燥速率因"干区"的出现而降低，此时物料中的含水率称为临界湿含量，用 X_c 表示，对应图 2-11-2 中的 C 点，称为临界点。过 C 点以后，干燥速率逐渐降低至 D 点，C 至 D 阶段称为降速第一阶段。

干燥到点 D 时，物料全部表面都成为干区，汽化面逐渐向物料内部移动，汽化所需的热量必须通过已被干燥的固体层才能传递到汽化面；从物料中汽化的水分也必须通过这一干燥层才能传递到空气主流中。干燥速率因热、质传递的途径加长而下降。此外，在点 D 以后，物料中的非结合水分已被除尽。接下来所汽化的是各种形式的结合水，因而，平衡蒸气压将逐渐下降，传质推动力减小，干燥速率也随之较快降低，直至到达点 E 时，速率降为零。这一阶段称为降速第二阶段。

降速阶段干燥速率曲线的形状随物料内部的结构而异，不一定都呈现前面所述的曲线 CDE 形状。对于某些多孔性物料，可能降速两个阶段的界限不是很明显，曲线好像只有 CD 段；对于某些无孔吸水物料，汽化只在表面进行，干燥速率取决于固体内部水分的扩散速率，故降速阶段只有类似 DE 段的曲线。

与恒速阶段相比，降速阶段从物料中除去的水分量相对少许多，但所需的干燥时间却长得多。总之，降速阶段的干燥速率取决于物料本身结构、形状和尺寸，而与干燥介质状况关系不大，故降速阶段又称物料内部迁移控制阶段。

三、实验装置

本装置流程图如图 2-11-3 所示，其控制面板见图 2-11-4。

主要设备及仪器有：

(1) 鼓风机：220V AC，550W，最大风量为 95m^3/h；
(2) 电加热器：额定功率 2.0kW；
(3) 干燥室：ϕ100mm×750mm；
(4) 干燥物料：湿绿豆或耐水硅胶。

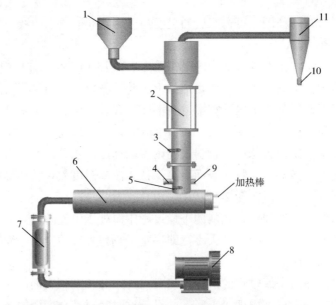

图 2-11-3　流化床干燥实验装置及流程示意图（见彩插）

1—加料斗；2—床层（可视部分）；3—床层测温点；4—取样口；5—出加热器热风测温点；6—空气加热器；7—转子流量计；8—鼓风机；9—出风口；10—排灰口；11—旋风分离器

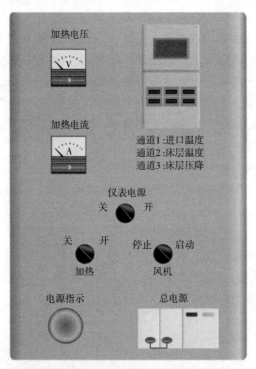

图 2-11-4　流化床干燥实验的控制面板

四、实验操作步骤和注意事项

1. 实验步骤

（1）开启风机。

(2) 打开仪表控制柜电源开关,加热器通电加热,床层进口温度要求恒定在 70～80℃。

(3) 将准备好的耐水硅胶/绿豆加入流化床中进行实验。

(4) 每隔 4min 取样 5～10g 分析,同时记录床层温度。

(5) 待耐水硅胶/绿豆恒重时,即为实验终了,关闭仪表电源。

(6) 关闭加热电源。

(7) 关闭风机,切断总电源,清理实验设备。

2.注意事项

必须先开风机,后开加热器,否则加热管可能会被烧坏,破坏实验装置。

五、实验数据记录

本次实验的实验数据记入表 2-11-1 中。

表 2-11-1　流化床干燥实验原始实验数据表

序号	干燥时间/min	床层压降/kPa	床层温度/℃	进口温度/℃

六、实验报告和数据处理

(1) 绘制干燥曲线(失水量-时间关系曲线)。

(2) 根据干燥曲线作干燥速率曲线。

(3) 读取物料的临界湿含量。

(4) 绘制床层温度随时间变化的关系曲线。

(5) 对实验结果进行分析讨论。

七、思考题

(1) 什么是恒定干燥条件?本实验装置中采用了哪些措施来保持干燥过程在恒定干燥条件下进行?

（2）控制恒速干燥阶段速率的因素是什么？控制降速干燥阶段干燥速率的因素又是什么？

（3）为什么要先启动风机，再启动加热器？实验过程中床层温度如何变化？为什么？如何判断实验已经结束？

（4）若加大热空气流量，干燥速率曲线有何变化？恒速干燥速率、临界湿含量又如何变化？为什么？

第三部分 实验数据处理举例

案例一 流动阻力测定实验

1.实验原始记录表及数据整理表

实验数据记录见表 3-1-1～表 3-1-3。

表 3-1-1 单相流动阻力实验数据记录表（直管阻力测量管 I 光滑管）

光滑管内径7.8mm　管长1.70m　液体温度27.7℃
液体密度ρ = 995.81kg/m³　液体黏度μ = 0.85mPa·s

序号	流量/(L/h)	直管压差Δp		Δp/Pa	流速u/(m/s)	Re	λ
		kPa	mmH$_2$O				
1	1000	108.3		108300	5.82	63490	0.02957
2	900	89.3		89300	5.23	57141	0.03010
3	800	67		67000	4.65	50792	0.02858
4	700	51.2		51200	4.07	44443	0.02853
5	600	37.8		37800	3.49	38094	0.02867
6	500	26.9		26900	2.91	31745	0.02937
7	400	16.8		16800	2.33	25396	0.02867
8	300	9.6		9600	1.74	19047	0.02912
9	200	4.7		4700	1.16	12698	0.03208
10	100		139	1362	0.58	6349	0.03717
11	90		126	1234	0.52	5714	0.04160
12	80		99	970	0.47	5079	0.04137
13	70		75	735	0.41	4444	0.04093
14	60		56	547	0.35	3190	0.04114

续表

序号	流量/(L/h)	直管压差Δp		Δp/Pa	流速u/(m/s)	Re	λ
		kPa	mmH$_2$O				
15	50		39	382	0.29	3175	0.04172
16	40		22	216	0.23	2540	0.03677
17	30		15	147	0.17	1905	0.04457
18	20		10	98	0.12	1270	0.06686
19	10		4	39	0.06	635	0.10697

表 3-1-2 单相流动阻力实验数据记录表（直管阻力测量管Ⅲ粗糙管）

粗糙直管内径10mm　　管长1.70m　　液体温度27.7℃
液体密度ρ=995.81kg/m³　　液体黏度μ=0.85mPa·s

序号	流量/(L/h)	直管压差Δp		Δp/Pa	流速u/(m/s)	Re	λ
		kPa	mmH$_2$O				
1	1000	145.5		145500	3.54	49523	0.13839
2	900	114.3		114300	3.18	44570	0.13422
3	800	96.9		96900	2.83	39618	0.14401
4	700	72.3		72300	2.48	34666	0.14034
5	600	55.5		55500	2.12	29714	0.14664
6	500	41.6		41600	1.77	24761	0.15827
7	400	27.3		27300	1.42	19809	0.16229
8	300	15.6		15600	1.06	12457	0.16487
9	200	6.5		6500	0.71	9905	0.15456
10	100		263	2577	0.35	4952	0.24513
11	90		227	2224	0.32	4457	0.26121
12	80		189	1852	0.28	3962	0.27525
13	70		139	1362	0.25	3467	0.26440
14	60		108	1058	0.21	2971	0.27962
15	50		81	794	0.18	2476	0.30199

表 3-1-3 流动阻力实验数据记录表（局部阻力）

序号	流量Q/(L/h)	近端压差/kPa	远端压差/kPa	流速u/(m/s)	局部阻力压差/kPa	阻力系数ζ
1	800	49.6	50.1	1.26	49100	62.1
2	600	28.3	28.6	0.94	28000	63.2
3	400	13.1	13.3	0.63	12900	65.5

2.计算举例

(1) 流动阻力测量（直管摩擦系数 λ 与雷诺数 Re 的测定）

① 直管阻力测量管 I 光滑管小流量数据

$Q = 60$ L/h　　$h = 56$ mmH$_2$O（表 3-1-1 第 14 组数据）

实验水温 $t = 27.7$℃，黏度 $\mu = 0.85 \times 10^{-3}$ Pa·s，密度 $\rho = 995.81$ kg/m^3。

管内流速

$$u = \frac{Q}{\frac{\pi}{4}d^2} = \frac{60/3600/1000}{\frac{\pi}{4} \times 0.0078^2} = 0.35 \text{ (m/s)}$$

阻力降

$$\Delta p_f = \rho g h = 995.81 \times 9.81 \times 56/1000 = 547 \text{(Pa)}$$

雷诺数

$$Re = \frac{du\rho}{\mu} = \frac{0.0078 \times 0.35 \times 995.81}{0.85 \times 10^{-3}} = 3.19 \times 10^3$$

直管摩擦系数

$$\lambda = \frac{2d}{\rho L} \times \frac{\Delta p_f}{u^2} = \frac{2 \times 0.0078}{995.81 \times 1.70} \times \frac{547}{0.35^2} = 4.11 \times 10^{-2}$$

② 直管阻力测量管Ⅲ粗糙管大流量数据

$Q = 300$ L/h　　$\Delta p = 15.6$ kPa（表 3-1-2 第 8 组数据）

实验水温 $t = 27.7$℃　　黏度 $\mu = 0.85 \times 10^{-3}$ Pa·s　　密度 $\rho = 995.81$ kg/m^3

管内流速

$$u = \frac{Q}{\frac{\pi}{4}d^2} = \frac{300/3600/1000}{\frac{\pi}{4} \times 0.01^2} = 1.06 \text{(m/s)}$$

阻力降

$$\Delta p_f = 15.6 \times 1000 = 15600 \text{(Pa)}$$

雷诺数

$$Re = \frac{du\rho}{\mu} = \frac{0.01 \times 1.06 \times 995.81}{0.85 \times 10^{-3}} = 1.24 \times 10^4$$

直管摩擦系数

$$\lambda = \frac{2d}{\rho L} \times \frac{\Delta p_f}{u^2} = \frac{2 \times 0.01}{995.81 \times 1.70} \times \frac{15600}{1.06^2} = 0.164$$

（2）局部阻力系数ζ的测定

局部阻力实验数据：Q = 800L/h，近端压差 = 49.6kPa，远端压差 = 50.1kPa，实验水温 t = 29.2℃，黏度 μ = 0.82×10^{-3}Pa·s，密度ρ = 995.40kg/m³。

管内流速：

$$u = \frac{Q}{\frac{\pi}{4}d^2} = \frac{800/3600/1000}{\frac{\pi}{4} \times 0.0015^2} = 1.26 \text{(m/s)}$$

局部阻力：

$$\Delta p'_f = 2(p_b - p_{b'}) - (p_a - p_{a'})$$
$$= (2 \times 49.6 - 50.1) \times 1000 = 49100 \text{（Pa）}$$

局部阻力系数：

$$\zeta = \frac{2}{\rho} \times \frac{\Delta p'_f}{u^2} = \frac{2}{995.40} \times \frac{49100}{1.26^2} = 62.1$$

案例二 流量计性能测定实验

1.实验原始记录表及数据整理表

实验数据记录及处理结果见表 3-2-1～表 3-2-3。

表 3-2-1 文丘里流量计性能测定原始数据记录及处理结果

温度 $t = 7.1℃$　　黏度 $\mu = 1.45×10^{-3}Pa·s$　　密度 $\rho = 999.82 kg/m^3$

序号	文丘里流量计压差/kPa	文丘里流量计压差/Pa	涡轮流量 Q/（m³/h）	流速 u/（m/s）	Re	C_V
1	38.8	38800	5.35	1.073	31009	0.955
2	29.1	29100	4.66	0.935	27010	0.961
3	21.7	21700	4.05	0.812	23474	0.967
4	15.8	15800	3.48	0.698	20170	0.974
5	9.2	9200	2.72	0.546	15765	0.997
6	5.8	5800	2.24	0.449	12983	1.034
7	1.9	1900	1.43	0.287	8288	1.154

表 3-2-2 孔板流量计性能测定实验数据记录及处理结果

序号	孔板流量计压差/kPa	孔板流量计压差/Pa	涡轮流量 Q/（m³/h）	流速 u/（m/s）	Re	C_0
1	63.4	63400	4.80	0.963	27821	0.670
2	49.2	49200	4.21	0.845	24401	0.667
3	37.8	37800	3.67	0.736	21271	0.664
4	25.2	25200	2.95	0.592	17098	0.653
5	14.8	14800	2.21	0.443	12809	0.639
6	7.6	7600	1.50	0.301	8694	0.605
7	2.7	2700	0.80	0.160	4637	0.541

表 3-2-3 转子流量计性能测定数据记录

序号	转子流量计流量/（L/h）	转子流量计流量/（m³/h）	涡轮流量 Q/（m³/h）
1	4000	4	4.24
2	3500	3.5	3.74
3	3000	3	3.18
4	2500	2.5	2.62
5	2000	2	2.13

续表

序号	转子流量计/（L/h）	转子流量计/（m³/h）	涡轮流量Q/（m³/h）
6	1500	1.5	1.60
7	1000	1	1.06
8	500	0.5	0.53

2.实验数据处理过程

以表 3-2-1 文丘里流量计性能测定数据第 1 组为例：

文丘里流量计两端压差 $\Delta p_1 = 38.8\text{kPa}$；涡轮流量计流量 $Q = 5.35\text{m}^3/\text{h}$

流过管路的流速

$$u = \frac{Q}{\frac{\pi}{4}d^2} = \frac{5.35/3600}{\frac{\pi}{4} \times 0.042^2} = 1.073(\text{m/s})$$

水的温度为 7.1℃，查得 $\mu = 1.45 \times 10^{-3}\text{Pa} \cdot \text{s}$，$\rho = 999.82\text{kg/m}^3$

雷诺数

$$Re = \frac{du\rho}{\mu} = \frac{0.042 \times 1.073 \times 999.82}{1.45 \times 10^{-3}} = 3.11 \times 10^4$$

流量系数

$$C_V = \frac{Q}{A_o\sqrt{\frac{2\Delta p}{\rho}}} = \frac{5.35/3600}{\frac{\pi}{4} \times (0.015)^2 \times \sqrt{\frac{2 \times 38800}{999.82}}} = 0.955$$

案例三　离心泵性能测定实验

1.实验原始记录表及数据整理表

实验数据记录见表 3-3-1、表 3-3-2。

表 3-3-1　离心泵性能测定数据记录表

水温度20.6℃　　液体密度 ρ = 997.54kg/m³　　泵进、出口高度差0.24m

序号	入口压力 p_1 /MPa	出口压力 p_2 /MPa	电机功率 /kW	流量 Q /(m³/h)	$u_入$ /(m/s)	$u_出$ /(m/s)	压头 H /m	轴功率 N /W	η/%
1	−0.028	0	0.72	10.11	2.04	2.04	3.1	432	19.8
2	−0.024	0.071	0.8	9.31	1.87	1.87	9.9	480	52.4
3	−0.021	0.09	0.78	8.56	1.72	1.72	11.6	468	57.6
4	−0.017	0.11	0.76	7.61	1.53	1.53	13.2	456	59.9
5	−0.013	0.131	0.73	6.54	1.31	1.31	15.0	438	60.7
6	−0.01	0.147	0.69	5.62	1.13	1.13	16.3	414	60.0
7	−0.008	0.16	0.65	4.67	0.94	0.94	17.4	390	56.6
8	−0.005	0.17	0.59	3.71	0.74	0.74	18.1	354	51.6
9	−0.004	0.18	0.55	2.94	0.59	0.59	19.0	330	46.1
10	0	0.19	0.49	1.96	0.39	0.39	19.7	294	35.6
11	0	0.199	0.43	0.8	0.16	0.16	20.6	258	17.3
12	0	0.209	0.4	0	0.00	0.00	21.6	240	0.0

表 3-3-2　管路特性数据表

序号	电机频率 /Hz	入口压力 p_1 /MPa	出口压力 p_2 /MPa	流量 Q /(m³/h)	$u_入$ /(m/s)	$u_出$ /(m/s)	压头 H /m
1	50	−0.031	0.015	10.84	2.17	2.17	4.94
2	48	−0.03	0.015	10.69	2.14	2.14	4.84
3	46	−0.03	0.015	10.53	2.11	2.11	4.84
4	44	−0.029	0.014	10.35	2.08	2.08	4.63
5	42	−0.028	0.014	10.08	2.02	2.02	4.53
6	40	−0.026	0.013	9.71	1.95	1.95	4.23
7	38	−0.024	0.012	9.30	1.87	1.87	3.71

续表

序号	电机频率 /Hz	入口压力 p_1 /MPa	出口压力 p_2 /MPa	流量 Q /(m³/h)	$u_入$ /(m/s)	$u_出$ /(m/s)	压头 H /m
8	36	−0.022	0.01	8.83	1.77	1.77	3.31
9	34	−0.02	0	7.85	1.57	1.57	2.08
10	32	−0.018	0	7.37	1.48	1.48	1.98
11	30	−0.017	0	6.87	1.38	1.38	1.77
12	28	−0.015	0	5.88	1.18	1.18	1.47
13	24	−0.012	0	4.87	0.98	0.98	1.26
14	20	−0.01	0	3.88	0.78	0.78	1.06
15	16	−0.008	0	2.35	0.47	0.47	0.85
16	10	−0.006	0	1.33	0.27	0.27	0.75
17	6	−0.005	0	0.01	0.00	0.00	0.24
18	0	0	0	0.00	0.00	0.00	0.24

2.计算举例

数据处理过程以表 3-3-1 中第 1 组数据为例：

涡轮流量计读数：10.17m³/h；泵入口压力表读数：−0.028MPa

压力表读数：0MPa；功率表读数：0.72kW

$$H = (Z_出 - Z_入) + \frac{p_出 - p_入}{\rho g} + \frac{u^2_出 - u^2_入}{2g}$$

$d_入 = d_出 = 0.042$ m，$u_出 = u_入$，$H = 0.24 + \frac{(0+0.028) \times 1000000}{997.54 \times 9.81} = 3.10$（m）

$$N = 0.72 \times 60\% = 0.432 (\text{kW}) = 432 (\text{W})$$

$$\eta = \frac{N_e}{N}$$

$$N_e = \frac{HQ\rho}{102} = \frac{10.11 \times 3.10 / 3600 \times 1000}{102} = 0.0853 (\text{kW})$$

$$\eta = \frac{0.0853}{0.432} = 19.75\%$$

表 3-3-2 中的管路特性数据处理方法同上。

案例四 传热实验

1.实验原始记录表及数据整理表

实验数据记录及整理见表3-4-1～表3-4-4。

表3-4-1 实验数据记录及整理表（普通套管换热器）

参数	1	2	3	4	5	6
空气流量压差/kPa	1.97	2.65	3.35	3.99	4.69	4.99
空气入口温度 t_1/℃	19.4	19.8	21.6	24.4	26.9	29
ρ_{t_1}/(kg/m³)	1.21	1.21	1.20	1.19	1.18	1.18
空气出口温度 t_2/℃	58.2	57.6	57.5	58.6	59.7	60.8
t_w/℃	99.4	99.3	99.3	99.3	99.3	99.3
t_m/℃	38.80	38.70	39.55	41.50	43.30	44.90
ρ_{t_m}/(kg/m³)	1.14	1.14	1.14	1.13	1.13	1.12
$\lambda_{t_m}\times 10^2$/[W/(m·℃)]	2.74	2.74	2.74	2.76	2.77	2.78
$c_{p_{t_m}}$/[J/(kg·℃)]	1005	1005	1005	1005	1005	1005
$\mu_{t_m}\times 10^5$/(Pa·s)	1.91	1.91	1.91	1.92	1.93	1.93
t_2-t_1/℃	38.80	37.80	35.90	34.20	32.80	31.80
Δt_m/℃	58.47	58.58	57.91	56.07	54.36	52.81
V_{t_1}/(m³/h)	30.30	35.16	39.63	43.42	47.25	48.88
V_{t_m}/(m³/h)	32.31	37.43	42.04	45.92	49.83	51.45
u/(m/s)	28.56	33.09	37.18	40.60	44.06	45.50
Q_c/W	400	452	481	497	515	513
α_i/[W/(m²·℃)]	91	102	110	118	126	129
Re	34290	39746	44445	48032	51617	52841
Nu	66	75	80	85	91	93
$Nu/(Pr^{0.4})$	77	86	93	99	105	107

表3-4-2 实验数据记录及整理表（强化套管换热器）

参数	1	2	3	4	5
空气流量压差/kPa	0.87	1.33	1.72	2.17	2.24
空气入口温度 t_1/℃	15.8	16.9	21.1	27.6	30.7
ρ_{t_1}/(kg/m³)	1.22	1.22	1.20	1.18	1.17

续表

参数	1	2	3	4	5
空气出口温度 t_2/℃	82.9	81.8	81.7	82.5	83.1
t_w/℃	99.4	99.3	99.2	99.3	99.2
t_m/℃	49.35	49.35	51.40	55.05	56.90
ρ_{t_m}/(kg/m³)	1.11	1.11	1.10	1.09	1.08
$\lambda_{t_m} \times 10^2$/[W/(m·℃)]	2.82	2.82	2.83	2.86	2.87
$c_{p_{t_m}}$/[J/(kg·℃)]	1005	1006	1007	1008	1009
$\mu_{t_m} \times 10^5$/(Pa·s)	1.95	1.95	1.96	1.98	1.99
$t_2 - t_1$/℃	67.10	64.90	60.60	54.90	52.40
Δt_m/℃	41.35	41.89	40.51	37.83	36.19
V_{t_1}/(m³/h)	20.05	24.81	28.38	32.17	32.83
V_{t_m}/(m³/h)	22.38	27.58	31.30	35.11	35.66
u/(m/s)	19.78	24.39	27.68	31.04	31.53
Q_c/W	465	554	584	587	567
α_i/[W/(m²·℃)]	149	175	191	206	208
Re	22425	27649	31027	34116	34308
Nu	106	125	135	144	145
$Nu/(Pr^{0.4})$	122	144	156	166	167

表 3-4-3　列管换热器全流通数据记录表

序号	空气流量压差Δp /kPa	空气进口温度 t_1/℃	空气出口温度 t_2/℃	蒸汽进口温度 T_1/℃	蒸汽出口温度 T_2/℃	体积流量 V_{t_1} /(m³/h)	换热器体积流量V_m /(m³/h)	质量流量 /(kg/s)	空气进出口温度差/℃	传热量 Q/W	总传热系数 K_1/[W/(m²·s)]
1	1.21	14.3	77.3	101	100.8	23.58	26.16	0.0081	63.0	512.85	24.61
2	2.33	15.4	76	100.9	100.8	32.76	36.21	0.0113	60.6	686.23	32.54
3	4.52	18.9	75.1	100.9	100.8	45.86	50.27	0.0156	56.2	880.15	42.19
4	5.52	21.2	74.8	100.9	100.8	50.84	55.47	0.0171	53.6	923.45	44.81
5	6.55	24	75.2	100.9	100.8	55.60	60.40	0.0186	51.2	955.68	47.66
6	7.6	26.8	75.8	101	100.8	60.13	65.05	0.0199	49.0	979.93	50.36

序号	空气入口密度 ρ_{t_1}/(kg/m³)	进出口平均温度 t_m/℃	换热器空气平均密度/(kg/m³)	$\Delta t_2 - \Delta t_1$/℃	$\ln(\Delta t_2/\Delta t_1)$	Δt_m/℃	$\lambda_{t_m} \times 100$/[W/(m·℃)]	$c_{p_{t_m}}$/[kW/(kg·℃)]	$\mu_{t_m} \times 10^5$/(Pa·s)	换热面积/m²	u/(m/s)
1	1.227	45.8	1.120	62.8	1.29	48.51	2.79	1005	1.94	0.4296	4.27
2	1.223	45.7	1.120	60.5	1.23	49.09	2.79	1005	1.94	0.4296	5.92
3	1.211	47	1.116	56.1	1.16	48.57	2.80	1005	1.94	0.4296	8.21
4	1.204	48	1.113	53.5	1.12	47.98	2.81	1005	1.95	0.4296	9.06

续表

序号	空气入口密度 ρ_{t_1}/(kg/m³)	进出口平均温度 t_m/℃	换热器空气平均密度/(kg/m³)	$\Delta t_2-\Delta t_1$/℃	ln($\Delta t_2/\Delta t_1$)	Δt_m/℃	$\lambda_{t_m}\times 100$/[W/(m·s)]	$c_{p_{t_m}}$/[kW/(kg·℃)]	$\mu_{t_m}\times 10^5$/(Pa·s)	换热面积/m²	u/(m/s)
5	1.194	49.6	1.107	51.1	1.09	46.68	2.82	1005	1.96	0.4296	9.87
6	1.185	51.3	1.101	48.8	1.08	45.30	2.83	1005	1.96	0.4296	10.63

表 3-4-4 列管换热器半流通数据记录表

序号	空气流量压差 Δp/kPa	空气进口温度 t_1/℃	空气出口温度 t_2/℃	蒸汽进口温度 T_1/℃	蒸汽出口温度 T_2/℃	体积流量 V_{t_1}/(m³/h)	换热器体积流量 V_m/(m³/h)	质量流量/(kg/s)	空气进出口温度差/℃	传热量 Q/W	总传热系数 K_2/[W/(m²·s)]
1	1.22	11.6	70.3	101	100.8	23.58	26.0	0.0082	58.7	484.5	41.13
2	2.23	13.2	70.7	101	100.8	31.96	35.2	0.0111	57.5	639.6	55.18
3	3.2	14.8	70.3	101	100.8	38.37	42.1	0.0132	55.5	737.1	63.93
4	4.27	16.8	70.3	101	100.8	44.44	48.5	0.0152	53.5	817.5	71.88
5	5.4	19.6	70.3	101	100.8	50.17	54.5	0.0170	50.7	866.5	77.70
6	6.32	22.7	70.8	101	100.8	54.52	59.0	0.0183	48.1	884.0	81.64
7	7.25	25.3	71.5	101	100.8	58.61	63.1	0.0195	46.2	904.9	86.08

序号	空气入口密度 ρ_{t_1}/(kg/m³)	进出口平均温度 t_m/℃	换热器空气平均密度/(kg/m³)	$\Delta t_2-\Delta t_1$/℃	ln($\Delta t_2/\Delta t_1$)	Δt_m/℃	$\lambda_{t_m}\times 100$/[W/(m·s)]	$c_{p_{t_m}}$/[kW/(kg·℃)]	$\mu_{t_m}\times 10^5$/(Pa·s)	换热面积/m²	u/(m/s)
1	1.236	40.95	1.136	58.5	1.07	54.85	2.75	1005	1.92	0.2148	8.50
2	1.231	41.95	1.133	57.3	1.06	53.97	2.76	1005	1.92	0.2148	11.49
4	1.219	43.55	1.128	53.3	1.01	52.95	2.77	1005	1.93	0.2148	15.86
5	1.209	44.95	1.123	50.5	0.97	51.92	2.78	1005	1.93	0.2148	17.81
6	1.199	46.75	1.117	47.9	0.95	50.41	2.80	1005	1.94	0.2148	19.26
7	1.190	48.4	1.111	46	0.94	48.95	2.81	1005	1.95	0.2148	20.63

2.数据处理过程举例

(1) 光滑管及强化实验数据计算举例（以表 3-4-2 第 1 组数据为例）。

空气孔板流量计压差 $\Delta p = 0.87$ kPa, 壁面温度 $t_w = 99.4$ ℃

进口温度 $t_1 = 15.8$ ℃, 根据进口温度查得进口空气密度 $\rho = 1.22$ kg/m³

出口温度 $t_2 = 82.9$ ℃

传热管内径 d_i (mm) 及流通截面积 F (m²):

$$d_i = 20.0 \text{mm} = 0.02 \text{m}$$

$$F = \pi (d_i^2)/4 = 3.142 \times 0.02^2/4 = 0.0003142 \text{ (m}^2\text{)}$$

案例四　传热实验

传热管有效长度 L (m) 及传热面积 S_i (m²)

$$L = 1.20\text{m}$$

$$S_i = \pi L d_i = \pi \times 1.20 \times 0.02 = 0.07536 \ (\text{m}^2)$$

传热管测量段上空气平均物性常数的确定：

先算出测量段上空气的定性温度 t_m（℃），为简化计算，取 t_m 值为空气进口温度 t_1（℃）及出口温度 t_2（℃）的平均值：

即

$$t_m = \frac{t_1 + t_2}{2} = \frac{15.8 + 82.9}{2} = 49.35 \ (℃)$$

据此查得：测量段上空气的平均密度 $\rho_{t_m} = 1.11\text{kg/m}^3$；

测量段上空气的平均比热容 $c_{p_{t_m}} = 1005[\text{J/(kg·K)}]$；

测量段上空气的平均热导率 $\lambda_{t_m} = 0.0282[\text{W/(m·K)}]$；

测量段上空气的平均黏度 $\mu_{t_m} = 0.0000195\text{Pa·s}$；

传热管测量段上空气的平均普朗特数的 0.4 次方为：

$$Pr^{0.4} = 0.695^{0.4} = 0.865$$

空气流过测量段上平均体积 V_{t_m}（m³/h）的计算：

孔板流量计体积流量：

$$V_{t_1} = C_0 \times A_0 \times \sqrt{\frac{2 \times \Delta p}{\rho_{t_1}}}$$

$$= 0.65 \times 3.14 \times 0.017^2 \times 3600/4 \times \sqrt{\frac{2 \times 0.87 \times 1000}{1.22}}$$

$$= 20.05 (\text{m}^3/\text{h})$$

传热管内平均体积流量 V_{t_m}：

$$V_{t_m} = V_{t_1} \times \frac{273 + t_m}{273 + t_1} = 20.05 \times \frac{273 + 49.35}{273 + 15.8} = 22.38 \ (\text{m}^3/\text{h})$$

平均流速 u：

$$u = \frac{V_{t_m}}{F \times 3600} = \frac{22.38}{0.0003142 \times 3600} = 19.79 \ (\text{m/s})$$

冷热流体间的平均温度差 Δt_m（℃）的计算：测得 $t_w = 99.4℃$

$$\Delta t_m = \frac{t_2 - t_1}{\ln \dfrac{t_w - t_1}{t_w - t_2}} = \frac{89.2 - 15.8}{\ln \dfrac{99.4 - 15.8}{99.4 - 89.2}} = 41.35(℃)$$

其他项计算：
传热速率

$$Q_c = \frac{V_{t_m} \times \rho_{t_m} \times c_{p_{t_m}} \times \Delta t}{3600} = \frac{22.38 \times 1.11 \times 1005 \times (82.9-15.8)}{3600} = 465.3 \text{（W）}$$

$$\alpha_i = \frac{Q_c}{\Delta t_m \times S_i} = \frac{465.3}{49.35 \times 0.07536} = 149.3 \text{[W/（m}^2 \cdot \text{℃）]}$$

传热准数

$$Nu = \frac{\alpha_i d_i}{\lambda_{t_m}} = \frac{123 \times 0.0200}{0.0282} = 106$$

测量段上空气的平均流速

$$u = 19.79 \text{ m/s}$$

雷诺数

$$Re = \frac{u d_i \rho_{t_m}}{\mu_{t_m}} = \frac{0.02 \times 19.79 \times 1.11}{0.0000195} = 2.25 \times 10^4$$

以 $\frac{Nu}{Pr^{0.4}}$-Re 作图、回归得到准数关联式 $Nu = ARe^m Pr^{0.4}$ 中的系数：

$A = 0.0277$，$m = 0.7591$，故：

$$Nu = 0.0277 Re^{0.7591} Pr^{0.4}$$

重复以上计算步骤，处理强化管的实验数据。作图回归得到准数关联式 $Nu = BRe^m Pr^{0.4}$ 中的系数，即：$Nu = 0.0781 Re^{0.7346} Pr^{0.4}$。

（2）列管换热器总传热系数的测定数据计算举例（以表 3-4-3 第 1 组数据为例）。

空气孔板流量计压差为 1.21kPa

空气进口温度 14.3℃，空气出口温度 77.3℃

蒸汽进口温度 101.0℃，蒸汽出口温度 100.8℃

换热器内换热面积：$S = n\pi dL$，$d = 0.019\text{m}$，$L = 1.2\text{m}$，管程数 $n = 6$ 根

$$S = 3.14 \times 0.019 \times 1.2 \times 6 = 0.4295 \text{（m}^2\text{）}$$

体积流量：

$$V_{t_1} = C_0 \times A_0 \times \sqrt{\frac{2 \times \Delta p}{\rho_{t_1}}}$$

式中，$C_0 = 0.65$；$d_0 = 0.017\text{m}$；查表得密度 $\rho_{t_1} = 1.227\text{kg/m}^3$。

$$V_{t_1} = 0.65 \times \frac{\pi}{4} \times 0.017^2 \times 3600 \times \sqrt{\frac{2 \times 1.21 \times 1000}{1.227}} = 23.58 \text{ （m}^3\text{/h）}$$

校正后得：

$$V_\text{m} = V_{t_1} \times \frac{273 + t_\text{m}}{273 + t_1} = 23.58 \times \frac{273 + \left(\frac{14.3 + 77.3}{2}\right)}{273 + 14.3} = 26.16 \text{ （m}^3\text{/h）}$$

在 t_m 下查表得密度 $\rho_\text{m} = 1.12 \text{kg/m}^3$，$c_p = 1005 \text{ [J/（kg·K）]}$
所以

$$W_\text{m} = \frac{V_\text{m} \rho_\text{m}}{3600} = \frac{26.16 \times 1.12}{3600} = 0.0081 \text{ （kg/s）}$$

根据热量衡算式：

$$Q = c_p \times W_\text{m} \times (t_2 - t_1)$$
$$= 0.0081 \times 1005 \times (77.3 - 14.3) = 512.85 \text{(W)}$$

$$\Delta t_1 = T_1 - t_2 = 101.0 - 77.3 = 23.7 \text{ （℃）}$$

$$\Delta t_2 = T_2 - t_1 = 100.8 - 14.3 = 86.5 \text{ （℃）}$$

$$\Delta t_\text{m} = \frac{\Delta t_1 - \Delta t_2}{\ln \frac{\Delta t_1}{\Delta t_2}} = \frac{86.5 - 23.7}{\ln \frac{86.5}{23.7}} = 48.51 \text{ （℃）}$$

由传热速率方程式知：
总传热系数

$$K_1 = \frac{Q}{S \times \Delta t_\text{m}} = \frac{512.85}{0.4295 \times 48.51} = 24.61 [\text{W/（m}^2 \cdot \text{℃）}]$$

案例五 填料吸收塔实验

1. 实验原始记录表及数据整理表

实验数据记录见表 3-5-1～表 3-5-3。

表 3-5-1 填料塔流体力学性能测定（干填料）

$L = 0$ L/h　　填料层高度 $Z = 1.07$ m　　塔径 $D = 0.076$ m

序号	填料层压强降 /mmH$_2$O	单位高度填料层压强降 /(mmH$_2$O/m)	空气转子流量计读数 /(m³/h)	空塔气速 /(m/s)
1	1	0.9	0.5	0.031
2	3	2.8	0.8	0.049
3	5	4.7	1.1	0.067
4	7	6.5	1.4	0.086
5	10	9.3	1.7	0.104
6	13	12.1	2.0	0.122
7	16	15.0	2.3	0.141
8	20	18.7	2.5	0.153

表 3-5-2 填料塔流体力学性能测定（湿填料）

$L = 140$ L/h　　填料层高度 $Z = 1.07$ m　　塔径 $D = 0.076$ m

序号	填层压强降 /mmH$_2$O	单位高度填料层压强降 /(mmH$_2$O/m)	空气转子流量计读数 /(m³/h)	空塔气速 /(m/s)	操作现象
1	3	3.2	0.25	0.04	正常
2	7	7.4	0.50	0.07	正常
3	16	17.0	0.70	0.10	正常
4	21	22.3	0.90	0.13	正常
5	31	33.0	1.10	0.16	正常
6	48	51.1	1.30	0.18	正常
7	80	85.1	1.50	0.21	积液
8	125.0	133.0	1.60	0.23	积液
9	150.0	159.6	1.70	0.24	液泛
10	180.0	191.5	1.80	0.25	液泛

表 3-5-3　二氧化碳吸收传质系数测定数据表

序号	名称		实验数据
1	填料塔参数	填料种类	陶瓷拉西环
		填料层高度/m	1.07
		填料塔直径/m	0.076
2	CO_2流量测定	CO_2转子流量计读数 $V_{转}$/(m³/h)	0.300
		填料塔气体转子流量计处温度 t_1/℃	25.0
		CO_2密度 ρ_{CO_2}/(kg/m³)	1.800
		CO_2的实际体积流量 $V_{CO_2实}$/(m³/h)	0.245
3	空气流量测定	空气转子流量计读数 $V_{转}$/(m³/h)	0.7
		空气密度 ρ_{Air,t_1}/(kg/m³)	1.186
		空气实际流量 $V_{Air实}$/(m³/h)	0.705
		空气流量 V_{Air}/(kmol/h)	0.0315
4	水流量测定	水转子流量计读数 L/(L/h)	60.0
		水转子流量 L_{H_2O}/(kmol/h)	3.33
5	浓度测定	中和CO_2用$Ba(OH)_2$的浓度 $C_{Ba(OH)_2}$/(mol/L)	0.0972
		中和CO_2用$Ba(OH)_2$的体积 $V_{Ba(OH)_2}$/mL	10.0
		滴定用盐酸的浓度 c_{HCl}/(mol/L)	0.108
		滴定塔底吸收液用盐酸的体积 V_{HCl}/mL	15.60
		样品的体积 $V_{溶液}$/mL	20.0
		塔底液相浓度 C_{A1}/(kmol/m³)	0.00648
		X_1	0.0001166
		滴定塔顶吸收液用盐酸的体积 V_{HCl}/mL	17.90
		塔顶液相浓度 C_{A2}/(kmol/m³)	0.00027
		X_2	0.00000486
6	计算数据	吸收塔塔底液相的温度 t_2/℃	25.0
		亨利系数 $E \times 10^{-8}$/Pa	1.66
		CO_2溶解度常数 $H \times 10^7$/[kmol/(m³·Pa)]	3.347
		Y_1	0.348
		y_1	0.258
		平衡浓度 C_{A1}^*/(kmol/m³)	0.00875
		Y_2	0.336
		y_2	0.252
		平衡浓度 C_{A2}^*/(kmol/m³)	0.00855
		$C_{A1}^* - C_{A1}$/(kmol/m³)	0.00227
		$C_{A2}^* - C_{A2}$/(kmol/m³)	0.00828
		平均推动力 ΔC_{Am}/(kmol/m³)	0.00464
		液相体积传质系数 $K_L a$/s⁻¹	0.0046
		吸收率/%	3.45

2.计算举例

（1）填料塔流体力学性能测定（以表 3-5-1 所取得数据的第 1 组数据为例）。
液体流量 $L = 0$L/h；空气转子流量计读数 $V = 0.5$m³/h
填料层压降 U 形管读数 $\Delta p = 1$mmH$_2$O
填料解吸塔内径 $d = 0.076$m；填料有效高度 $Z = 1.07$m
空塔气速：

$$u = \frac{V}{3600 \times \frac{\pi}{4} \times d^2} = \frac{0.5}{3600 \times \frac{\pi}{4} \times 0.076^2} = 0.0306 \text{(m/s)}$$

单位填料层压降 $\dfrac{\Delta p}{Z} = \dfrac{1}{1.07} = 0.9$ （mmH$_2$O/m）

在对数坐标纸上以空塔气速 u 为横坐标，$(\Delta p/Z)$ 为纵坐标作图，标绘 $(\Delta p/Z)$-u 关系曲线如图 2-5-4 所示。

（2）填料吸收塔传质实验数据计算（以表 3-5-3 数据为例）。

① 液体流量计算。

$$L = 60 \text{L/h}$$

$$L_{\text{H}_2\text{O}} = \frac{L \times \rho_{\text{H}_2\text{O}}}{M_{\text{H}_2\text{O}}} = \frac{60/1000 \times 1000}{18} = 3.33 \text{（kmol/h）}$$

② CO$_2$ 流量计算。
CO$_2$ 转子流量计读数 $V_{\text{转}} = 0.30$m³/h，CO$_2$ 转子流量计处温度 $t_1 = 25.0$℃
20℃空气的密度 $\rho_{20} = 1.205$kg/m³，t_1 温度下 CO$_2$ 的密度 $\rho_{\text{CO}_2} = 1.800$kg/m³

CO$_2$ 实际流量 $V_{\text{CO}_2\text{实}} = V_{\text{转}}\sqrt{\dfrac{\rho_{20}}{\rho_{\text{CO}_2}}} = 0.30 \times \sqrt{\dfrac{1.205}{1.800}} = 0.245$ （m³/h）

③ 空气流量计算。
空气转子流量计读数 $V_{\text{转}} = 0.7$m³/h，t_1 温度下空气的密度 $\rho_{\text{Air},t_1} = 1.186$kg/m³

$$V_{\text{Air实}} = V_{\text{转}}\sqrt{\frac{\rho_{20}}{\rho_{\text{Air},t_1}}} = 0.7 \times \sqrt{\frac{1.205}{1.186}} = 0.705 \text{(m}^3\text{/h)}$$

$$= \frac{0.705}{22.4} = 0.0315 \text{(kmol/h)}$$

④ y_1、Y_1 计算。

$$y_1 = \frac{V_{\text{CO}_2\text{实}}}{V_{\text{CO}_2\text{实}} + V_{\text{Air实}}} = \frac{0.245}{0.245 + 0.705} = 0.258, \quad Y_1 = \frac{V_{\text{CO}_2\text{实}}}{V_{\text{Air实}}} = \frac{0.245}{0.705} = 0.348$$

⑤ 塔底浓度 C_{A1} 的计算。

塔底吸收液分析 $C_{Ba(OH)_2} = 0.0972 \text{mol/L}$、$V_{Ba(OH)_2} = 10\text{mL}$

$$C_{HCl} = 0.108 \text{mol/L}、V_{HCl} = 15.60\text{mL}$$

$$C_{A1} = \frac{2C_{Ba(OH)_2}V_{Ba(OH)_2} - C_{HCl}V_{HCl}}{2V_{溶液}} = \frac{2 \times 0.0972 \times 10 - 0.108 \times 15.60}{2 \times 20} = 0.00648 \text{ (kmol/m}^3)$$

$$X_1 = \frac{C_{A1}M_{H_2O}}{\rho_{H_2O}} = \frac{0.00648 \times 18}{1000} = 1.166 \times 10^{-4}$$

⑥ 塔顶浓度 C_{A2} 的计算。

塔顶吸收液分析 $C_{Ba(OH)_2} = 0.0972 \text{mol/L}$、$V_{Ba(OH)_2} = 10\text{mL}$

$$C_{HCl} = 0.108 \text{mol/L}、V_{HCl} = 17.90\text{mL}$$

$$C_{A2} = \frac{2C_{Ba(OH)_2}V_{Ba(OH)_2} - C_{HCl}V_{HCl}}{2V_{溶液}}$$

$$= \frac{2 \times 0.0972 \times 10 - 0.108 \times 17.90}{2 \times 20}$$

$$= 0.00027 \text{ (kmol/m}^3)$$

$$X_2 = \frac{C_{A2}M_{H_2O}}{\rho_{H_2O}} = \frac{0.00027 \times 18}{1000} = 4.86 \times 10^{-6}$$

⑦ y_2、Y_2 的计算。

$$L_{H_2O} \times (X_1 - X_2) = V_{Air} \times (Y_1 - Y_2)$$

则：

$$Y_2 = Y_1 - \frac{L_{H_2O}}{V_{Air}} \times (X_1 - X_2) = 0.348 - \frac{3.33}{0.0315} \times (1.166 \times 10^{-4} - 4.86 \times 10^{-6}) = 0.336$$

$$y_2 = \frac{Y_2}{1+Y_2} = \frac{0.336}{1+0.336} = 0.252$$

⑧ 吸收率 φ 的计算。

$$\varphi = \frac{Y_1 - Y_2}{Y_1} = \frac{0.348 - 0.336}{0.348} \times 100\% = 3.45\%$$

⑨ C_{A1}^*、C_{A2}^* 的计算。

塔底液温度 $t_2 = 25.0℃$，查得 CO_2 亨利系数：$E = 1.66 \times 10^8 \text{Pa}$
则 CO_2 的溶解度常数为：

$$H = \frac{\rho_w}{M_w} \times \frac{1}{E} = \frac{1000}{18} \times \frac{1}{1.66 \times 10^8} = 3.347 \times 10^{-7} \text{ [kmol/(m}^3 \cdot \text{Pa)]}$$

实验时大气压力 $p_0 = 1.01325 \times 10^5$ Pa

塔顶和塔底的平衡浓度为：

$$C_{A1}^* = Hp_{A1} = Hy_1 p_0 = 3.347 \times 10^{-7} \times 0.258 \times 101325 = 8.75 \times 10^{-3} \text{（mol/L）}$$

$$C_{A2}^* = Hp_{A2} = Hy_2 p_0 = 3.347 \times 10^{-7} \times 0.252 \times 101325 = 8.55 \times 10^{-3} \text{（mol/L）}$$

$$\Delta C_{A1} = C_{A1}^* - C_{A1} = (8.75 - 6.48) \times 10^{-3} = 2.27 \times 10^{-3} \text{（kmol/m}^3\text{）}$$

$$\Delta C_{A2} = C_{A2}^* - C_{A2} = (8.55 - 0.27) \times 10^{-3} = 8.28 \times 10^{-3} \text{（kmol/m}^3\text{）}$$

液相平均推动力 ΔC_{Am} 的计算：

$$\Delta C_{Am} = \frac{\Delta C_{A1} - \Delta C_{A2}}{\ln \dfrac{\Delta C_{A1}}{\Delta C_{A2}}} = \frac{(2.27 - 8.28) \times 10^{-3}}{\ln \dfrac{2.27 \times 10^{-3}}{8.28 \times 10^{-3}}} = 4.64 \times 10^{-3} \text{（kmol/m}^3\text{）}$$

⑩ $k_L a$ 的计算：

$$k_L a = K_L a = \frac{L}{Z\Omega} \times \frac{C_{A1} - C_{A2}}{\Delta C_{Am}} = \frac{\dfrac{60 \times 0.001}{3600}}{1.07 \times 3.14 \times \dfrac{0.076^2}{4}} \times \frac{(6.48 - 0.27) \times 10^{-3}}{4.64 \times 10^{-3}} = 0.0046 \text{（s}^{-1}\text{）}$$

案例六 精馏实验（2018年版）

1.精馏实验原始记录表及数据整理表

精馏实验原始数据及处理结果见表 3-6-1。

表 3-6-1 精馏实验原始数据及处理结果

实际塔板数：9	实验物系：乙醇-正丙醇		折射仪分析温度：30℃		
	全回流：$R=\infty$		部分回流：$R=4$ 进料温度：30.4℃		进料量：2L/h
	塔顶组成	塔釜组成	塔顶组成	塔釜组成	进料组成
折射率 n_D	1.3611	1.3769	1.3637	1.3782	1.3755
摩尔分数 x	0.875	0.209	0.781	0.144	0.280

2.实验数据处理过程举例

（1）全回流。

塔顶样品折射率

$$n_D = 1.3611$$

乙醇质量分数

$$w = 58.844116 - 42.61325 \times n_D$$
$$= 58.844116 - 42.61325 \times 1.3611 = 0.843$$

摩尔分数

$$x_D = \frac{0.843/46}{(0.843/46) + (1-0.843)/60} = 0.875$$

同理，塔釜样品折射率

$$n_W = 1.3769$$

乙醇的质量分数

$$w = 58.844116 - 42.61325 \times n_D$$
$$= 58.844116 - 42.61325 \times 1.3769 = 0.170$$

摩尔分数

$$x_W = 0.211$$

在平衡线和操作线之间图解理论板 4.53（见图 2-6-3A）

$$全塔效率 \eta = \frac{N_T - 1}{N_P} = \frac{3.53}{9} = 39.22\%$$

（2）部分回流（$R = 4$）。

塔顶样品折射率

$$n_D = 1.3637$$

塔釜样品折射率

$$n_W = 1.3782$$

进料样品折射率

$$n_F = 1.3755$$

由全回流计算出摩尔分数

$$x_D = 0.781 \quad x_W = 0.144 \quad x_F = 0.280$$

进料温度 $t_F = 30.4℃$，在 $x_F = 0.280$ 下泡点温度

$$t_B = 9.1389 x_F^2 - 27.861 x_F + 97.359 = 90.27（℃）$$

乙醇在 60.3℃下的比热容

$$c_{p_1} = 3.08 [kJ/（kg·℃）]$$

正丙醇在 60.3℃下的比热容

$$c_{p_2} = 2.89 [kJ/（kg·℃）]$$

乙醇在 90.27℃下的汽化潜热

$$r_1 = 821 kJ/kg$$

正丙醇在 90.27℃下的汽化潜热

$$r_2 = 684 kJ/kg$$

混合液体比热容

$$c_{pm} = 46 \times 0.280 \times 3.08 + 60 \times (1 - 0.280) \times 2.89$$

$$= 164.52[kJ/(kmol \cdot ℃)]$$

混合液体汽化潜热

$$r_{pm} = 46×0.280×821+60×(1-0.280)×684$$

$$= 40123.28 \text{（kJ/kmol）}$$

$$q = \frac{c_{pm}(t_B - t_F) + r_{pm}}{r_{pm}} = \frac{164.52×(90.27-30.4)+40123.28}{40123.28} = 1.25$$

$$q \text{ 线斜率} = \frac{q}{q-1} = 5$$

在平衡线和精馏段操作线、提馏段操作线之间图解理论板塔板数为 6（见图 2-6-4A），则：

$$\text{全塔效率} \eta = \frac{N_T - 1}{N_P} = 55.6\%$$

（3）进料位置确认。

在绘制梯级图的过程中，假定在最佳位置进料，确定出所需的理论级数。现在需要确认假定是否成立。实验过程中在第 7 块板进料，依据全塔板效率可以计算其对应的理论板数为：7×0.556 = 3.89，即第 4 块理论级，正好与图 2-6-4A 中的最佳进料位置相符合，即假定成立。否则，应该依据实际的进料位置，重新制作梯级图，确定出新的全塔板效率，直到实际进料位置与梯级图中的进料位置相一致。

案例七 恒压过滤实验

1.过滤实验原始记录表及数据整理表

实验数据记录见表3-7-1。

表3-7-1 实验数据记录表

序号	高度 /mm	q/m	q_{av}/m	0.07MPa			0.10MPa		
				时间/s	$\Delta\theta$/s	$\Delta\theta/\Delta q$	时间/s	$\Delta\theta$/s	$\Delta\theta/\Delta q$
1	8	0.0000	0.011	0.00	7.04	310.2	0.00	8.72	384.2
2	20	0.0227	0.042	7.04	20.99	554.9	8.72	20.50	541.9
3	40	0.0605	0.079	28.03	39.74	1050.6	29.22	28.31	748.4
4	60	0.0983	0.117	67.77	50.03	1322.6	57.53	37.78	998.8
5	80	0.1362		117.80			95.31		

2.过滤常数 K、q_e、θ_e 的计算举例

过滤面积：$A = 0.0475\text{m}^2$；计量桶的尺寸：长 279mm、宽 322mm；以 0.07MPa 第 3 组数据为例。

第一点坐标：

$$\Delta V = L \times W \times H = 0.279 \times 0.322 \times (40-8) \times 10^{-3}$$
$$= 2.875 \times 10^{-3}(\text{m}^3)$$

$$\Delta q = \frac{\Delta V}{A} = \frac{2.875 \times 10^{-3}}{0.0475} = 0.0605(\text{m}^3/\text{m}^2)$$

$$\Delta\theta = \theta_3 - \theta_2 = 28.03 - 7.04 = 20.99(\text{s})$$

$$\frac{\Delta\theta}{\Delta q} = \frac{20.99}{q_3 - q_2} = \frac{20.99}{0.0605 - 0.0227} = 555.29$$

$$\bar{q} = \frac{q_2 + q_3}{2} = \frac{0.0027 + 0.0605}{2} = 0.0416(\text{m}^3/\text{m}^2)$$

第二点坐标：

$$\Delta V = L \times W \times H = 0.279 \times 0.322 \times (80-8) \times 10^{-3}$$
$$= 6.468 \times 10^{-3} (\text{m}^3)$$

$$\Delta q = \frac{\Delta V}{A} = \frac{6.468 \times 10^{-3}}{0.0475} = 0.1362 (\text{m}^3/\text{m}^2)$$

$$\Delta \theta = \theta_5 - \theta_4 = 117.8 - 67.77 = 50.03 (\text{s})$$

$$\left(\frac{\Delta \theta}{\Delta q}\right)' = \frac{50.03}{q_5 - q_4} = \frac{50.03}{0.1362 - 0.0983} = 1320.0$$

$$\overline{q}' = \frac{q_5 + q_4}{2} = \frac{0.1362 + 0.0983}{2} = 0.1173 (\text{m}^3/\text{m}^2)$$

根据公式：$\dfrac{\mathrm{d}\theta}{\mathrm{d}q} = \dfrac{2}{K}q + \dfrac{2}{K}q_e$，代入 $\dfrac{\Delta \theta}{\Delta q}$、$\overline{q}$、$\left(\dfrac{\Delta \theta}{\Delta q}\right)'$ 及 $\overline{q}'$ 得：

$$555.29 = \frac{2}{K} \times 0.0416 + \frac{2}{K}q_e$$

$$1320.0 = \frac{2}{K} \times 0.1173 + \frac{2}{K}q_e$$

两点确定一条直线，从以上两方程得：

$$\text{斜率} \frac{2}{K} = 10101.8, \quad K = 1.98 \times 10^{-4} (\text{m}^2/\text{s})$$

$$\text{截距} \frac{2}{K}q_e = 135.06, \quad q_e = 1.34 \times 10^{-2} (\text{m}^3/\text{m}^2)$$

$$\theta_e = \frac{q_e^2}{K} = \frac{0.0134^2}{1.98 \times 10^{-4}} = 0.9 (\text{s})$$

由于实验数据存在误差，上述用两点确定出的直线斜率和截距不够准确。要得到更为精确的结果应对多个实验点进行线性回归，应用 Microsoft 公司的 Excel 软件可以很容易地实现。

按以上方法依次计算 0.1MPa 和 0.15MPa 下的过滤常数，然后将 3 个点的 Δp-K 的数据在双对数坐标纸上作图，并通过幂回归得到压缩性指数 s 及物性常数 k。

从 Δp-K 关系图上得

$$1-s = 0.9126 \qquad s = 0.0874$$

$$2k = 8 \times 10^{-9} \qquad k = 4 \times 10^{-9}$$

案例八　洞道干燥实验

1.原始记录表及数据整理表

原始记录表及数据整理表见表 3-8-1～表 3-8-3。

表 3-8-1　湿物料有关恒定数据

夹子/g	羊毛毡/g	总质量/g	净湿重/g
23.52	21.8	100	76.48

表 3-8-2　测量过程有关的恒定数据

参数	干球温度 t/℃	湿球温度 t_w/℃	流量计处温度 t_L/℃	压差计读数 Δp/Pa
开始时	85	34.5	64.2	895
结束时	84.9	35	65.2	678
平均	84.95	34.75	64.7	786.5

表 3-8-3　测量过程数据记录

序号	W/g	ΔW/g	$\Delta\theta$/s	累计 θ/s	X/（kg 水/kg 物料）	N_a/[g/（m²·s）]
1	100	0	0	0	2.508	0
2	98	2	275	275	2.417	0.291
3	96	2	125	400	2.325	0.640
4	94	2	167	567	2.233	0.479
5	92	2	152	719	2.141	0.526
6	90	2	151	870	2.050	0.530
7	88	2	184	1054	1.958	0.435
8	86	2	150	1204	1.866	0.533
9	84	2	178	1382	1.774	0.449
10	82	2	132	1514	1.683	0.606
11	80	2	150	1664	1.591	0.533
12	78	2	162	1826	1.499	0.494
13	76	2	175	2001	1.407	0.457
14	74	2	130	2131	1.316	0.615
15	72	2	149	2280	1.224	0.537
16	70	2	151	2431	1.132	0.530

续表

序号	W/g	ΔW/g	$\Delta\theta$/s	累计θ/s	X/（kg水/kg物料）	N_a/[g/（m²·s）]
17	68	2	164	2595	1.040	0.488
18	66	2	141	2736	0.949	0.567
19	64	2	156	2892	0.857	0.513
20	62	2	145	3037	0.765	0.552
21	60	2	147	3184	0.673	0.544
22	58	2	166	3350	0.582	0.482
23	56	2	154	3504	0.490	0.519
24	54	2	178	3682	0.398	0.449
25	52	2	201	3883	0.306	0.398
26	50	2	277	4160	0.215	0.289

2.实验数据处理及计算举例

（1）干燥速率曲线（以表 3-8-3 第 3 组数据为例）。

干基湿含量：

$$X = \frac{W - W_c}{W} = (96 - 23.52 - 21.8)/21.8 = 2.325(\text{g水/g绝干物料})$$

干燥速率：

$$N_a = \frac{\Delta W}{A\Delta\theta} = 2/0.025/125 = 0.640[\text{g/（m}^2\cdot\text{s）}]$$

式中，物料表面积 $A = 2(0.13\times0.08 + 0.08\times0.01 + 0.13\times0.01) = 0.025\text{m}^2$

（2）K_H 的计算。

① 计算 H、H_w。

查得湿球温度 $t_w = 35℃$ 下：饱和蒸气压 $p_s = 5621\text{Pa}$，汽化热 $r_w = 2412.6\text{kJ/kg}$

$$H_w = 0.622\times\frac{p_s}{101325 - p_s} = 0.622\times5621/（101325-5621）= 0.0365（\text{kg/kg 干空气}）$$

$$H = H_w - (t - t_w)\frac{1.09}{r_w} = 0.0365-（84.95-34.75）\times1.09/2412.6 = 0.0138（\text{kg/kg 干空气}）$$

② 计算流量计处的空气性质。

流量计处湿空气的比体积：

$$V_H = (2.83\times10^{-3} + 4.56\times10^{-3}H)\times(t_L + 273)$$
$$= (2.83\times10^{-3} + 4.56\times10^{-3}\times0.0138)\times(64.7+273) = 0.977（\text{m}^3/\text{kg 干空气}）$$

流量计处湿空气的密度是：

$$\rho = (1+H)/V_H = (1+0.0138)/0.977 = 1.0377 (\text{kg/m}^3 \text{湿空气})$$

③ 计算流量计处的质量流量 m（kg/s）。

流量计的孔流速度：

$$q = C_0 A_o \sqrt{\frac{2\Delta p}{\rho}}$$
$$= 0.74 \times 0.002551 \times (2 \times 786.5/1.0377)^{0.5} = 0.0735 (\text{m}^3/\text{s})$$

式中，$A_o = \dfrac{\pi d_o^2}{4} = 3.14 \times 0.05701^2 / 4 = 0.002551$ （m²）； $C_0 = 0.74$。

流量计处质量流量：

$$m = q \times \rho = 0.0735 \times 1.0377 = 0.07627 \text{（kg/s）}$$

④ 干燥室的质量流速 G[kg/（m²·s）]。

干燥室的质量流速为：

$$G = m/A' = 0.07627/0.03 = 2.5423 [\text{kg/（m}^2 \cdot \text{s）}]; \quad A' = 0.15 \times 0.2 = 0.03 \text{（m}^2\text{）}$$

干燥室的流速为：

$$u = q/A' = 0.0735/0.03 = 2.45 \text{（m/s）}$$

⑤ 传热系数 α 的计算。

空气平行流过静止物料表面时，

$$\alpha = 0.0143 G^{0.8} = 0.0143 \times 2.5423^{0.8} = 0.0302 [\text{kW/（m}^2 \cdot \text{℃）}]$$

[适用条件：G 为 0.7～8.3kg/（m²·s），空气的平均温度为 45～150℃]

⑥ 计算 $K_{H,\text{计}}$。

$$K_{H,\text{计}} = \frac{\alpha}{1.09} = 0.0302/1.09 = 0.0277 [\text{kg/（m}^2 \cdot \text{s）}]$$

3.实测恒速干燥阶段的传质系数

从干燥速率曲线图中可得恒速阶段的平均干燥速率 $N_a = 0.526 [\text{g/（m}^2 \cdot \text{s）}]$，则实测传质系数为：

$$K_{H,\text{测}} = \frac{N_a}{H_w - H} = 0.526/1000/（0.0365-0.0138) = 0.023 [\text{kg/（m}^2 \cdot \text{s）}]$$

偏差：

$$\frac{K_{H,\text{计}} - K_{H,\text{测}}}{K_{H,\text{测}}} = \frac{0.0277 - 0.023}{0.023} = 20.4\%$$

案例九 液-液萃取实验

1.原始数据记录

每次取样 25mL，NaOH 浓度为 0.1mol/L，进行三组不同转速下的实验，记录数据如表 3-9-1。

表 3-9-1 萃取实验原始数据记录表

序号	转速 /(r/min)	原料液F				萃余相R			
		初/mL	终/mL	用量/mL	c_F/(mol/L)	初/mL	终/mL	用量/mL	c_R/(mol/L)
1	300	10	5.55	4.45	0.018	10	7.7	2.3	0.0092
2	500	10	5.55	4.45	0.018	10	9.2	0.8	0.0032
3	700	10	5.55	4.45	0.018	10	9.65	0.35	0.0014

2.数据处理举例

以转速 300 r/min 为例进行计算

$$c_F = \frac{V_{NaOH}/1000 \times c_{NaOH}}{0.025} \text{(mol/L)}$$

$$c_F = \frac{\frac{4.45}{1000} \times 0.1}{0.025} = 0.018 \text{(mol/L)}$$

同理可得 c_R：

$$c_R = \frac{\frac{2.3}{1000} \times 0.1}{0.025} = 0.0092 \text{(mol/L)}$$

由

$$X_F = \frac{c_F \times M_A}{\rho_{白油}}, \quad X_R = \frac{c_R \times M_A}{\rho_{白油}}$$

可得：

$$X_F = 0.00271 \text{(g酸/g油)}$$

$$X_R = 0.001403 (\text{g酸/g油})$$

则

$$Y_E = X_F - X_R = 0.00271 - 0.001403 = 0.001307 (\text{g酸/g油})$$

由此可得平均推动力：

$$\Delta X_m = \frac{\Delta X_1 - \Delta X_2}{\ln \frac{\Delta X_1}{\Delta X_2}} \quad \Delta X_1 = X_F - X_F^* \quad \Delta X_2 = X_R - X_R^*$$

上式中 X_F、X_R 可以实际测得，而平衡组成 X^* 可根据分配曲线计算：

$$X_R^* = \frac{Y_S}{K} = \frac{0}{K} = 0 \quad X_F^* = \frac{Y_E}{K}$$

则：

$$\Delta X_1 = 0.00271 - \frac{0.001307}{2.2} = 0.002116 (\text{g酸/g油})$$

$$\Delta X_2 = 0.001403 (\text{g酸/g油})$$

代入公式可得：

$$\Delta X_m = \frac{0.002116 - 0.001403}{\ln \frac{0.002116}{0.001403}} = 0.001735$$

由平均推动力可计算传质单元数：

$$N_{OR} = \frac{\Delta X}{\Delta X_m}$$

其中，$\Delta X = X_F - X_R = 0.001307 (\text{g酸/g油})$

则：

$$N_{OR} = \frac{0.001307}{0.001735} = 0.753$$

由下式可得：

$$h = H_{OR} N_{OR}$$

则：

$$H_{OR} = \frac{h}{N_{OR}} = \frac{\frac{650}{1000}}{0.753} = 0.86 (\text{m})$$

分别对另外两组转速进行计算，可得数据结果列于表 3-9-2。

表 3-9-2　萃取实验数据处理结果表

序号	转速/（r/min）	X_F	X_R	Y_E	ΔX_m	N_{OR}/个	H_{OR}/m
1	300	0.00271	0.001403	0.001307	0.001735	0.753	0.86
2	500	0.00271	0.000488	0.002227	0.000972	2.29	0.284
3	700	0.00271	0.000214	0.002501	0.000682	3.67	0.177

案例十 液-液板式换热实验

1. 实验数据记录表

实验数据记录见表3-10-1。

表 3-10-1 实验测量数据

冷流体流量 V_2 /(m³/h)	热流体流量 V_1 /(m³/h)	冷流体进口温度 t_1 /℃	冷流体出口温度 t_2 /℃	热流体进口温度 T_1 /℃	热流体出口温度 T_2 /℃
0.40	0.15	13.3	26.1	59.7	28.7
0.30	0.15	13.2	28.5	59.9	31.0
0.20	0.15	13.5	32.9	60.0	34.9
0.15	0.15	13.9	35.9	60.1	37.9
0.10	0.15	14.4	40.5	60.2	42.0

2. 数据处理举例

以第一组数据为例：

冷流体流量为 $V_2 = 0.40 \text{m}^3/\text{h}$，热流体流量为 $V_1 = 0.15 \text{m}^3/\text{h}$，流体为水（$\rho$=1000kg/m³）

质量流率的计算：

热流体的质量流率

$$m_1 = 0.15 \times 1000 \times 2.78 \times 10^{-4} = 0.0417 (\text{kg/s})$$

冷流体的质量流率

$$m_2 = 0.40 \times 1000 \times 2.78 \times 10^{-4} = 0.1112 (\text{kg/s})$$

热流体定性温度：

$$T = (59.7 + 28.7)/2 = 44.2 \ (\text{℃})$$

冷流体定性温度：

$$t = (13.3 + 26.1)/2 = 19.7 \ (\text{℃})$$

查阅资料可知：

19.7℃下，水的比热容为4.183kJ/(kg·K)，44.2℃下，水的比热容为4.174kJ/(kg·K)

可得

$$Q_{\text{hot}} = m_1 c_{p1}(T_1 - T_2) = 0.0417 \times 4.174 \times 1000 \times (59.7 - 28.7)$$
$$= 5395.73(\text{J/s})$$

$$Q_{\text{cold}} = m_2 c_{p2}(t_1 - t_2) = 0.1112 \times 4.183 \times 1000 \times (26.1 - 13.3)$$
$$= 5953.9(\text{J/s})$$

考虑到环境温度是25℃左右，高于冷流体定性温度，计算冷、热流体热负荷偏差：

$$\delta = \frac{|Q_{\text{hot}} - Q_{\text{cold}}|}{Q_{\text{hot}}} \times 100\% = \frac{|5953.9 - 5395.73|}{5395.73} = 10.34\%$$

计算换热器冷热流体的对数平均温差

$$\Delta t_1 = T_1 - t_2 = 59.7 - 26.1 = 33.6(℃)$$

$$\Delta t_2 = T_2 - t_1 = 28.7 - 13.3 = 15.4(℃)$$

$$\Delta t_m = \frac{\Delta t_1 - \Delta t_2}{\ln \frac{\Delta t_1}{\Delta t_2}} = \frac{33.6 - 15.4}{\ln \frac{33.6}{15.4}} = 23.33(℃)$$

板式换热器面积为1m^2，所以根据下式可得传热系数K：

$$K = \frac{Q}{A \Delta t_m} = \frac{5395.73}{1 \times 23.33} = 231.28[\text{W}/(\text{m}^2 \cdot ℃)]$$

通过计算后，板式换热器的数据处理结果见表3-10-2。

表3-10-2 数据处理结果表

冷流体流量V_2 /（m³/h）	热流体流量V_1 /（m³/h）	热水放出热量 Q_{hot}/（J/s）	冷水吸收热量 Q_{cold}/（J/s）	热平衡偏差 /%	对数平均温差 /℃	总传热系数K /[W/（m²·℃）]
0.40	0.15	5395.73	5953.9	10.34	23.33	231.28

案例十一 流化床干燥实验

1.实验原始数据记录

本次实验中,物料的绝干质量 G_c 为 1kg,干燥桶直径为 0.1m,干燥表面积 A 为 0.00785m²,风速为 70m³/h,温度为 80℃,其他实验数据见表 3-11-1。

表 3-11-1 原始实验数据表

序号	干燥时间/min	床层压降/kPa	床层温度/℃	进口温度/℃
1	2	1.07	36.3	80.6
2	4	1.01	37.2	80.2
3	6	0.98	38.2	79.9
4	8	0.92	39.6	79.9
5	10	0.88	40.7	79.8
6	12	0.86	44.1	80.1
7	14	0.81	49.2	80.1
8	16	0.80	53.1	79.9
9	18	0.76	56.2	79.9
10	20	0.71	58.8	79.9
11	22	0.69	61.0	79.9
12	24	0.68	62.7	79.7
13	26	0.67	64.5	80.1
14	28	0.66	66.2	80.1
15	30	0.65	67.4	79.9
16	32	0.64	68.4	80.1
17	34	0.63	69.5	80.1
18	36	0.62	70.4	80.1
19	38	0.61	71.1	79.7
20	40	0.60	71.7	80.0

2.数据处理举例

以第一组数为例:

瞬间含水率：

$$X_i = \frac{\Delta p - \Delta p_e}{\Delta p_e}$$

则：

$$X_1 = \frac{\Delta p - \Delta p_e}{\Delta p_e} = \frac{1.07 - 0.60}{0.60} = 0.7833 \text{（kg湿分/kg干物料）}$$

同上，计算出不同时刻下的 X_2，X_3，X_4…。实验数据处理结果表见表 3-11-2。

表 3-11-2　实验数据处理结果表

序号	干燥时间/min	床层压降/kPa	床层温度/℃	进口温度/℃	瞬间含水率X_i
1	2	1.07	36.3	80.6	0.7833
2	4	1.01	37.2	80.2	0.6833
3	6	0.98	38.2	79.9	0.6333
4	8	0.92	39.6	79.9	0.5333
5	10	0.88	40.7	79.8	0.4667
6	12	0.86	44.1	80.1	0.4333
7	14	0.81	49.2	80.1	0.3500
8	16	0.80	53.1	79.9	0.3333
9	18	0.76	56.2	79.9	0.2667
10	20	0.71	58.8	79.9	0.2560
11	22	0.69	61.0	79.9	0.1500
12	24	0.68	62.7	79.7	0.1333
13	26	0.67	64.5	80.1	0.1167
14	28	0.66	66.2	80.1	0.1000
15	30	0.65	67.4	79.9	0.0833
16	32	0.64	68.4	80.1	0.0667
17	34	0.63	69.5	80.1	0.0500
18	36	0.62	70.4	80.1	0.0333
19	38	0.61	71.1	79.7	0.0167
20	40	0.60	71.7	80.0	0.0000

将干燥时间对瞬间含水量X_i作图，得到干燥曲线如图 3-11-1 所示。

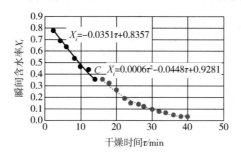

图 3-11-1　干燥曲线

根据图 3-11-1，判断干燥的临界点 C，C 点前为恒速干燥阶段，深色实线，C 点后为降速干燥阶段，浅色虚线，临界含水率 $X_c = 0.3333$ kg 湿分/kg 干物料。

图中分段回归线方程为

恒速阶段

$$X_i = -0.0351\tau + 0.8357$$

减速阶段

$$X_i = 0.0006\tau^2 - 0.0448\tau + 0.9281$$

将物料的绝干质量G_c和干燥面积 A 以及上述公式中的斜率代入速率公式，得到：

恒速阶段的干燥速率

$$U = -1/0.00785 \times (-0.0351) = 4.4713 [\text{kg}/(\text{m}^2 \cdot \text{min})]$$

降速阶段的干燥速率

$$U = -1/0.00785 \times (0.0012\tau - 0.0448) [\text{kg}/(\text{m}^2 \cdot \text{min})]$$

因降速阶段中干燥时间在改变，所以这一阶段的干燥速率的数值随干燥时间而变化，具体干燥速率数据见表 3-11-3。

表 3-11-3　实验数据处理结果表

序号	干燥时间/min	床层压降/kPa	床层温度/℃	进口温度/℃	瞬间含水率X_i	干燥速率U/[kg/(m²·min)]
1	2	1.07	36.3	80.6	0.7833	4.4713
2	4	1.01	37.2	80.2	0.6833	4.4713
3	6	0.98	38.2	79.9	0.6333	4.4713
4	8	0.92	39.6	79.9	0.5333	4.4713
5	10	0.88	40.7	79.8	0.4667	4.4713

续表

序号	干燥时间/min	床层压降/kPa	床层温度/℃	进口温度/℃	瞬间含水率X_i	干燥速率U/[kg/($m^2 \cdot$ min)]
6	12	0.86	44.1	80.1	0.4333	4.4713
7	14	0.81	49.2	80.1	0.3500	4.4713
8	16	0.80	53.1	79.9	0.3333	4.4713
9	18	0.76	56.2	79.9	0.2667	2.9554
10	20	0.71	58.8	79.9	0.1833	2.6497
11	22	0.69	61.0	79.9	0.1500	2.3439
12	24	0.68	62.7	79.7	0.1333	2.0382
13	26	0.67	64.5	80.1	0.1167	1.7325
14	28	0.66	66.2	80.1	0.1000	1.4268
15	30	0.65	67.4	79.9	0.0833	1.1210
16	32	0.64	68.4	80.1	0.0667	0.8153
17	34	0.63	69.5	80.1	0.0500	0.5096
18	36	0.62	70.4	80.1	0.0333	0.2038
19	38	0.61	71.1	79.7	0.0167	−0.1019[①]
20	40	0.60	71.7	80.0	0.0000	−0.4076[①]

①干燥速率为负值，与理论不符的原因说明：计算瞬间含水率X时，需要干燥过程达到平衡时的压力降，此值需要足够长的实验时间来确定，而本实验直接取表最末行压力降 0.6kPa，存在偏差。经试算，若Δp_e取值 0.4kPa，最末的干燥速率将由负转正，为 0.3185kg/($m^2 \cdot$ min)。

根据表 3-11-3 中的数据，将干燥速率U对瞬间含水率X_i作图，得到干燥速率曲线，如图 3-11-2。

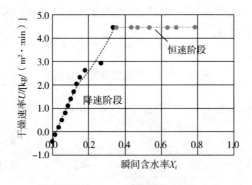

图 3-11-2　干燥速率曲线

附录一　YUDIAN仪表调零和调整设定值方法

1.仪表调零方法

按差压显示仪表面板上 SET 设置键 2～3s，进入 LoC 数据权限修改口令，按左右和上下方向键输入 808，按确认（即 SET 键）。进入仪表参数修改，每按一次 SET 键，进入某一参数项，当出现 SCb（平移修正）项，用左右上下方向键输入要修正的值。修改完毕，几秒钟后退出修改状态。

仪表调零特别提示：

① 若仪表零点漂移显示为正，则 SCb 的当前值需要向下修正，反之亦然。如零点漂移为 0.12，则需要将 SCb 当前值减去 0.12 所得的值作为 SCb 的新设定值。即：

$$SCb 的新设定值 = SCb 的当前值 - 零点漂移值$$

② 其他仪表参数出厂时已设置好，每块表不尽相同，千万勿动，否则无法修复。调零工作最好由老师完成。

2.仪表设定值调整方法

按加热电压显示仪表面板上 SET 设置键 2～3s，进入 LoC 数据权限修改口令，按左右和上下方向键输入 808，按确认（即 SET 键）。进入仪表参数修改，每按一次 SET 键，进入某一参数项，当出现 SP1（设定值）项，用左右上下方向键输入要设定的目标值。修改完毕，几秒钟后退出修改状态。

附录二　阿贝折射仪使用说明

（1）了解浓度-折射率标定曲线的适用温度。

（2）将超级恒温水浴温度设定在标定曲线的适用温度。

（3）启动超级恒温水浴，待恒温后，观察阿贝折射仪测量室的温度是否等于标定曲线的适用温度，否则应适当调节超级恒温水浴的设定温度，使阿贝折射仪测量室的温度等于标定曲线的适用温度。

（4）用折射仪测定无水乙醇的折射率，观察折射仪的"零点"是否正确。

（5）测定某物质折射率的步骤：

① 测量折射率时，放置待测液体的薄片状空间称为"样品室"，测量之前应检查阿贝折射仪测量室的温度是否达到设定温度，以确定恒温水循环。同时在棱镜上滴少量乙醇、乙醚或丙酮，使其铺满棱镜，之后迅速用擦镜纸轻轻擦洗上下棱镜，不可来回擦，只可单向擦。待晾干后方可使用，以免留有其他物质影响测定的精确度。

② 在样品室关闭且锁紧手柄的挂钩刚好挂上的状态下，用医用注射器将待测的液体从样品室侧面的小孔注入样品室内（我们的操作是用滴管取适量待测的液体将棱镜中间铺满，若有小气泡需将小气泡转移出去），然后立即旋转样品室的锁紧手柄，将样品室锁紧（锁紧即可，不要用力过大）。

③ 调节样品室下方和竖置大圆盘侧面的反光镜，使两镜筒内的视场明亮。

④ 从目镜中可看到刻度的镜筒叫"读数镜筒"，另一个叫"望远镜筒"。先估计一下样品折射率数值的大概范围，然后转动竖置大圆盘下方侧面的手轮，将刻度调至样品折射率数值的附近。

⑤ 转动目镜底部侧面的手轮，使望远镜筒视场中除黑白两色外无其他颜色。再旋转竖置大圆盘下方侧面的手轮，将视场中黑白分界线调至斜十字线的中心（见附图）。

⑥ 读数镜筒中看到的右列刻度读数则为待测物质的折射率数值。根据读数的折射率数值和样品室的温度，从浓度-折射率标定曲线查该样品的质量分数。

（6）注意保持折射仪的清洁，严禁污染光学零件，必要时可用干净的镜头纸或脱脂棉轻轻地擦拭。如光学零件表面有油垢，可用脱脂棉蘸少许洁净的汽油轻轻地擦拭。

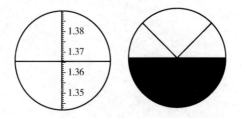

附图　阿贝折射仪读数图与影像图

参考文献

[1] 贾广信. 化工原理实验指导. 北京：化学工业出版社，2019.

[2] 居沈贵，夏毅，武文良，等，化工原理实验. 北京：化学工业出版社，2020.

[3] 陈敏恒，丛德滋，方图南，等. 化工原理（上册）. 4版. 北京：化学工业出版社，2019.

[4] 陈敏恒，丛德滋，齐鸣斋，等. 化工原理（下册）. 5版. 北京：化学工业出版社，2021.